U0159328

南四湖地区鸟类图鉴

The Photographic Guide to the Birds of Nansihu Area

赛道建 张月侠 吕 艳 著

SAI Daojian   ZHANG Yuexia   LYU Yan

科学出版社
北京

内 容 简 介

本书收录南四湖地区分布鸟类294种（304种及亚种），隶属于20目67科153属；253种（255种及亚种）有标本或照片，曾采到标本的有176种，近年来拍到照片（近3000张）的有210种，既有标本又有照片的133种，只有标本、无照片确认现状的44种，只有照片的76种，仅有文献记录的有40种；种数比历史资料记录有较多增加，新增记录28种，主要与新分类系统将文献记录亚种提升为种和照片新记录物种有关；确认记录消失的朱鹮等不收录。本书是南四湖地区鸟类的首部专著，也是一项集专业调查和群众参与于一体的调研成果，以实地调查、标本、照片、文献记录为物证。本书记录的鸟类按照《中国鸟类分类与分布名录》（第三版）（郑光美，2017）系统确定物种的分类地位，简介物种特征、生态习性、分布状况，并附有物种分布时间和地点的照片、标本，除中文名、英文名和学名外，还列出同种异名、别名，方便大众性观鸟与专业调研互联查验，保证科学性、学术性与科普价值。另外，有关资料中记录的但缺乏文献和物证的鸟类，列于正文之后，可作为日后调研的参考并通过深入研究确证。

本书是对南四湖地区鸟类研究的首部专著，对鸟类区系分布研究与生物多样性监测有较高参考价值，可供生物学教学研究，以及农林业、环境保护、自然保护区和野生动物管理人员及观鸟人士使用。

图书在版编目（CIP）数据

南四湖地区鸟类图鉴 / 赛道建，张月侠，吕艳著. —北京：科学出版社，2020.3
  ISBN 978-7-03-064288-2

Ⅰ. ①南… Ⅱ. ①赛… ②张… ③吕… Ⅲ. 南四湖 – 鸟类 – 图集 Ⅳ. ① Q959.708-64

中国版本图书馆CIP数据核字（2020）第 014401 号

责任编辑：张会格　刘　晶 / 责任校对：郑金红
责任印制：肖　兴 / 封面设计：刘新新

科 学 出 版 社 出版
北京东黄城根北街 16 号
邮政编码：100717
http://www.sciencep.com

北京九天鸿程印刷有限责任公司印刷
科学出版社发行　各地新华书店经销
*
2020 年 3 月第 一 版　开本：889×1194 1/16
2020 年 3 月第一次印刷　印张：15 1/4
字数：516 000

定价：238.00 元
（如有印装质量问题，我社负责调换）

《南四湖地区鸟类图鉴》科考委员会

《南四湖地区鸟类图鉴》编撰委员会

主　任: 刘淑荣　闫理钦　罗斐

副主任: 孙承凯　苗秀莲　张保元　王秀璞

委　员（以汉语拼音为序）:

范志强　侯端环　孔令强　韩东磊　刘淑荣

刘腾腾　刘显保　罗斐　吕艳　满守民

苗秀莲　赛时　赛道建　邵芳　孙承凯

王清宇　王秀璞　王延明　谢绪昌　邢杰

徐辉　闫理钦　张保元　张月侠　周鲁飞

邹兴江

著　者: 赛道建　张月侠　吕艳

照片主要提供者（以汉语拼音为序）:

陈保成　楚贵元　董宪法　杜文东　葛强

韩汝爱　华宏立　孔令强　李捷　李阳

李海军　李新民　刘显保　刘兆普　吕艳

马士胜　聂成林　聂圣鸿　赛道建　沈波

宋菲　宋泽远　孙喜娇　王利宾　王秀璞

徐炳书　杨红　於德金　张建　张勇

张保元　张月侠　赵令　赵迈

图片加工: 赛时　邵芳

资料收集: 孔令强　刘淑荣　刘显保　满守民　赛时

王清宇　王秀璞　张保元

主要科考人员及其工作单位

赛道建　山东师范大学

张月侠　山东博物馆

吕　艳　山东师范大学

王秀璞　济南工程职业技术学院

刘显保　山东省微山县自然资源和规划局

刘淑荣　山东省微山县自然资源和规划局

孔令强　山东省微山县自然资源和规划局

满守民　山东省微山县自然资源和规划局

张保元　山东省济宁市第一中学

闫理钦　山东省野生动植物保护站

序

南四湖由著名的微山湖、昭阳湖、独山湖、南阳湖四个相连湖泊组成，东依山峦，西接平原，南连苏北富庶之地，北靠孔孟圣贤之乡，京杭运河、南水北调东线工程穿湖而过，二级坝水利工程"玉带束腰"。南四湖承接着苏、鲁、豫、皖 4 省 32 个县 53 条河流来水，流域面积 317 万 hm²，最大控水面积达 126 600 hm²，是中国十大淡水湖、"中国十大魅力湿地"之一。

绿水维系着南四湖的命脉，鸟类展现着南四湖的灵动。近年来，微山县坚持以习近平生态文明思想为指导，牢固树立"绿水青山就是金山银山"的发展理念，全力抓好湖区生态建设，南四湖省级自然保护区被评为"国际重要湿地"。好生态引得百鸟来。为做好鸟类保护工作，微山县坚持属地管理与依法治理相结合，陆地治理与水上治理相结合，对非法乱捕乱猎采取集中打击与分散打击相结合的措施，建立了湖区鸟类保护群防群治网络，连年开展湖区管理集中整治活动，对捕杀鸟类及其他野生动物的行为进行严厉打击，为各种鸟类栖息、繁衍生息、迁徙停歇提供了理想场所。每当夏季，多种鹭类、鸥类和鹦鹉等在湖区树林间、草丛中栖息繁衍，整个湖区一派鸟语花香、生机盎然的景象；初冬时节，迁徙、越冬鸟儿如期而至，在湖区停歇、取食，给寂静的冬季南四湖带来无限生机。

为全面掌握南四湖地区鸟类资源现状，微山县与山东师范大学合作，历时 3 年，完成了南四湖地区鸟类区系分布的调查工作，为系统报告此次调查的成果，撰写了《南四湖地区鸟类图鉴》和《南四湖鸟类调查报告》。该书是在实地调查的基础上，查阅了南四湖地区鸟类调查的大量历史文献资料，同时，利用现代信息技术方法广泛征集了湖区鸟类主题摄影作品，进行科学分类编撰而成，全面系统地反映了南四湖地区鸟类资源现状。

希望该书的出版，不仅为南四湖自然保护区生物多样性监测常态化奠定科学基础，而且为从事鸟类科学研究、卫生防疫、生物学、医学、环保等工作的人士，以及农、林、牧、渔业人士提供参考，以更好地推进南四湖地区鸟类保护及微山县生态环保工作，努力把南四湖打造成为鸟类的天然博物馆、候鸟的天堂，为微山县及南四湖地区生态建设和高质量发展做出应有贡献。

山东省微山县县委书记

张茂如

2019 年 3 月 16 日

前 言

PREFACE

近年来，随着经济社会的快速发展，房地产、旅游和水产养殖等产业的兴起，对自然资源的过度开发致使南四湖及周边的自然景观大幅度改变，生态环境也发生了深刻变化。环境与鸟类资源及其群落结构正在相辅相成地不断发生变化。随着当地生态环境的变化，南四湖地区鸟类作为生态环境变化的重要且显而易见的指示物种，其群落结构变化已经成为人们关注当地经济发展与生态环境、鸟类生物多样性保护的重要课题。国内外出现了大量新研究成果，特别是分子生物学技术的发展给鸟类形态分类带来了许多重要改变。例如，目、科、属的拆分与合并，有些亚种提升为种。又如，名称的变动，如鹰科从隼形目分出成为鹰形目、隼科成为隼形目，鹭科从鹳形目移到鹈形目，戴胜目的戴胜归属于犀鸟目戴胜科，南四湖地区有标本记录的豆雁 *serrirostris* 亚种独立为短嘴豆雁（*Anser serrirostris*），等等。重要的是，南四湖地区的观鸟爱好者不仅拍摄到鸟类照片，确认了其分布现状，而且增加了一些新分布的记录种（包括由亚种提升为种），为南四湖地区的鸟类区系研究提供了真实的物证。亟须参考国内外鸟类分类学研究的最新成果——《中国鸟类分类与分布名录》（第三版）（郑光美 2017），对照鸟类新、旧（郑作新 1987、2002b；纪加义 1987～1988a、b、c、d；赛道建 2013、2017）分类系统，将有关研究资料进行一次比较全面系统地整理，修订区系分布、种及种下分类的陈旧之处，以便将专业研究与群众性观鸟拍鸟活动相结合，提升南四湖地区鸟类监测研究的科学水平，为生态环境监测保护提供科学依据。

因此，南四湖地区鸟类区系及生物多样性分布现状亟须进行全面系统的调查研究，以便核对、规范鸟类物种的中文名、英文名、拉丁学名及其异名、地理型和季节型，给出物种的不同保护类型、源参考文献，展现现有资料如文献记录、标本、环志、照片、音像等鸟类分布实证的实际情况，提供更多可核查的物种信息，便于甄别、选择与核查物种分布的现状，加强系统地周期性资源调查和有计划地连续性监测；专业调研与群众性随时随地的观鸟拍鸟记录相结合，有助于了解、掌握南四湖地区生物资源的变化过程与结果、变化程度与强度，探讨分析引起变化的原因及其解决对策，促进南四湖自然保护区的保护工作与湖区、周边地区经济协调发展。为此，2015 年 12 月，在微山县林业局的领导下，成立了以刘显保和赛道建为组长的调查小组，并由赛道建组织此次南四湖地区鸟类资源分布调查计划的制订、实施细则与分工，开始按计划进行为期三年的鸟类野外调查。调查过程中，以不同方式征集到当地观鸟拍鸟爱好者拍摄的许多精美照片，专业调查与大众化群众观测方法有机结合，获得的大量真实的证据性数据将为南四湖鸟类的深入研究提供坚实的基础，为南四湖自然保护区建设与湖区经济协调发展的科学评估，改善自然环境，促进鸟类分布、群落结构的生态平衡提供可靠而真实的可供利用的基础数据。本书在此次调查的基础上，结合张月侠等 2014 年以来的调查成果和当地观鸟拍鸟者十多年来的记录编写而成。非雀形目由张月侠编写，雀形目由吕艳编写，分类检索表及其他部分由赛道建编写，全书由赛道建、张月侠统稿、定稿。本书系统地介绍了南四湖地区分布的鸟类，全面系统地介绍了本次鸟类调查的成果（参见《南四湖鸟类调查报告》，赛道建和张月侠 2020），便于读者比较、分析、了解南四湖地区鸟类的分布现状及研究状况，明确深入开展鸟类区系分布、保护生物学和行政管理、鸟类生物多样性监测的相关研究与环境保护工作。本书的出版也为山东鸟类区系研究提供了翔实的资料。

本项目由微山县财政支持完成。对给予南四湖地区鸟类调研工作大力支持的领导、提供帮助的各界人士、无偿为本书提供照片记录的观鸟拍鸟和摄影人士表示衷心感谢！特别感谢微信群、QQ 群如济宁观鸟拍鸟群、曲阜师范大学观鸟协会群为鸟类分布的动态信息交流提供的方便，以及生态环境部生物多样性保护专项为野外调查提供的资助。

受著者水平、能力所限，资料收集不足，照片征集工作不够深入、广泛，广大拍鸟爱好者手中的许多珍贵照片信息被遗漏，书中疏漏与不足在所难免，敬请读者批评指正。

赛道建

2019 年 2 月 17 日于泉城

编写使用说明

近年来，随着经济社会和城市化的快速发展，南四湖保护区、微山湖国家湿地公园的规划建设和调整，美丽乡村建设工程的广泛推进，南四湖地区既有地方行政区划的改变，也有新地名的产生，如微山湖国家级湿地公园、高楼湿地公园、太白湖、白鹭湖、湖东岸枣庄滕州红荷湿地、湖西岸江苏沛县命名的湿地，以及煤矿塌陷区等生境类型和新地名的出现。区划变更及新地名的出现显示了社会经济发展与人类活动对自然生态环境、生境类型变迁的影响，但鸟类区系分布的历史却是客观存在的。环境变迁、自然景观的改变必然影响鸟类的栖息、繁殖、觅食活动与群落结构组成，因而，鸟类群落结构的演替与生态分布是生态环境变迁的重要且显而易见的一种生物指标，也是地方经济开发建设与保护自然环境必须关注的生态指标。

为排除不同文献资料中的学名、异名、非专业"俗名"，以及现代分子生物学研究对鸟类系统分类引起的目、科、属的改变和亚种提升为种等对专业研究和大众观鸟活动开展与普及产生的影响，本书以收集的分布于南四湖地区的鸟类的专项研究文献资料、标本、照片等实证为依据，结合三年的实地调查，按照郑光美院士所著《中国鸟类分类与分布名录》（第三版）（郑光美 2017）中的分类系统，进行全面而系统的整理，确定分布鸟类的目、科、属、种的分类地位，将俗名、异名等各种名称规范、统一到该系统，便于专业研究与群众性观鸟活动的有机结合，有助于大众性鸟类监测水平的提升，促进南四湖地区鸟类环境监测广泛而深入地开展，为山东省乃至全国性鸟类区系研究提供科学依据。

1 标记符号

没有信息标签的鸟类标本将失去其应有的科学价值。为保证标本具有重要的科学价值，必须制作具有采集时间、采集地点、采集制人、标本体尺、学名等信息的标签。与标本一样，拍摄者提供了时间、地点等信息的鸟种照片才具有科学价值，才是研究鸟类区系、生态分布和群落演化的真实重要依据。因此，本书将标本、照片、录像等作为鸟类分布的物证，作为鸟类区系研究文献的有利补充。符号在地名前，表示该地有文献记录；符号在地名后，表示本次的调查情况。无符号表示仅有文献记录而无物证佐证的，其记录的真实可靠性是需要物证进行确证的，或者即使曾经采到标本，随着自然景观的变迁和鸟类群落的演替，之后长期再无记录，无照片、标本等物证做证据，如标本鸟类石鸡、中华鹧鸪等，其分布现状应视为无分布。

● 表示有标本，是鸟类分布之实证。在地名前，如●南四湖，表示标本有文献记录，但标本保存处不详。有作者、时间，表示在该地曾经采到标本或是标本保存处，如●（1958 济宁一中，19841129 济宁站，19871121 山东师大）南四湖，表示赵玉正老师于 1958 年在南四湖采集，标本现保存在济宁市第一中学的标本室；济宁林木保护站 1984 年 11 月 29 日至 1985 年 9 月济宁市鸟类调查期间在南四湖地区采到该鸟标本，标本现保存在济宁林木保护站标本室；山东师范大学生命科学学院动物标本室保存的不同时期采自南四湖的鸟类标本；这些标本鸟类的照片、数据，分别由张保元、刘腾腾和赛道建提供，或来源于济宁一中校本教材《济宁一中鸟类标本识别与鉴赏》（张保元 2012），标本体尺测量数据详见《山东鸟类志》（赛道建 2017）一书。

◎ 表示有照片。在地名前，表示文献有该地照片记录，位于地名后（赛道建拍摄的仅用时间，其他人员拍摄的同种鸟不同时间的照片，用姓名时间表示），如◎微山岛（20171218，张月侠 20150613、20171218）。表示照片有文献记录，赛道建、张月侠分别于 2017 年 12 月 18 日、2015 年 6 月 13 日在微山岛拍到该鸟照片。

本书所采用的鸟类分布实证照片近 3000 张（详见南四湖地区鸟类调查报告），来源包括文献记录；微山县林业局爱鸟周活动征集；由不同观鸟微信群，主要是济宁观鸟拍鸟微信群征集；本次南四湖地区鸟类实地调查拍到的照片，文件名符合"作者、时间、地点、鸟名"4 项文件信息要求的照片由拍摄者本人提供。对缺少时间、地点信息的照片，经与拍摄者本人沟通，仍不能满足要求的，因缺少有关科研信息而无法收录；文献中符合条件的照片也予以收录，以表示物种分布记录的情况。对有文献、标本无照片或有照片而不清晰的物种，则辅用形态图，并注明作者、时间和地点。

◆　表示该地有音像资料。在地名前，其后有电视台、网站或作者加时间的，表示该鸟在当地有播放、摄像等记录情况。

○　表示有文献记录，但未见有标本、照片及鸟种专项研究资料等分布的佐证。

本书征集的照片将作为南四湖地区鸟类档案资料摄影集保存，以备分布物种的核查和甄别！从征集照片中，择优进行加工制成南四湖鸟类图片，并注明作者、时间、地点，以保证照片真实性与文献记录信息时效性的统一。

2　物种信息

《南四湖地区鸟类图鉴》的编写，因资料所限，科学技术的快速发展对鸟类分类学的重要影响，以及行政区划、经济发展对鸟类生态分布的影响，难免有遗漏的地方。随着调查的广泛深入，不仅补遗、修订是十分必要的，而且要考虑满足南四湖及其自然保护区鸟类生物多样性监测的大数据收集、使用和比较研究的需要。《南四湖地区鸟类图鉴》作为当地鸟类研究信息的一种载体，应该含有更多真实的有效信息，为深入研究提供更多可用数据。为此，物种信息按以下原则处理。

首先，适应现代鸟类分类研究和生物多样性监测的需要，鸟种按照《中国鸟类分类与分布名录》（第三版）（郑光美 2017）的分类系统，确定南四湖地区已有记录鸟类的分类地位（目、科、属、种、亚种）及物种排序，物种名称按中文名、英文名、拉丁学名，然后是同种异名、俗名排列；山东有分布记录的物种名、单亚种名用粗黑体，多亚种分布的亚种名则用缩写，否则，多亚种的用粗黑体但不缩写；本书中山东未有记录者，不用粗黑体，注明分布记录文献。中文亚种名参考《中国鸟类和亚种分类名大全》给出（郑作新，2000）。同时，规范统一物种名称，有助于将专业调查与群众性观鸟活动有机结合，促进南四湖自然保护区及周边地区鸟类生物多样性的监测与鸟类生态环境研究。

其次，为让读者了解南四湖地区鸟类的分布概况，鸟种分布情况的调查包括南四湖湖区及其毗邻周边地区（山东济宁、枣庄，以及江苏徐州等地）的分布情况、山东各地市的分布情况及全国分布概况三部分，以有时间、地点的标本和照片为物证，避免了文献、有资质的资料记录因专业水平、调查实际情况所限而造成的疑虑，便于读者对南四湖鸟类在山东的分布和栖息地分布的普遍性有一个大概了解，有助于进一步开展当地鸟类区系分布的深入调查研究。书末索引列出有关记录文献，方便读者对物种分布的时效性及对相关文献进行开放式检索查阅比较，本书不仅在目录部分给出鸟种的物种排序页码，而且给出中文名、英文名、拉丁学名、同种异名和俗名等不同名称的正向、逆向索引，方便读者在阅读文献时，根据学名、异名对照查找。例如，学名 *Dicrurus macrocercus cathoecus* 可分别从属名 *Dicrurus*、种名 *macrocercus*、亚种名 *cathoecus* 查到相关信息，确定物种，揭示鸟类群落物种结构的变化与环境改观间的动态关系，提供鸟类生态环境保护的基础数据。

3　鸟类的地理型与季节型

我国属世界六大动物地理区系的古北界、东洋界两大动物地理区系，古北界、东洋界以喜马拉雅山脉、横断山脉、秦岭、淮河为分界线，依据张荣祖（1999）的研究，我国的动物地理区可进一步分为 3 个亚界 7 个区 19 个亚区。位于山东、江苏交界处的南四湖，主体在山东济宁市微山县境内，属东北亚界华北区黄淮平原亚区。

［古］（palaearctic realm）　古北界种，表示完全或主要分布于此动物界中的鸟种。

［东］（oriental realm）　东洋界种，表示完全或主要分布于此动物界中的鸟种。

［广］（both palaearctic and oriental）　广布种，表示分布于以上两动物界内或分布区跨越两界的鸟种。

鸟类的季节型，又称居留型，本书分为文献记录和本书记录两种情况，除沿用源文献居留型，以便于进行相关方面的比较研究外，与历史记录有变化的用"居留型（文献居留型）"的方式表示。

（R）留鸟（resident bird）　指种群终年生活在一个地区、不随季节而进行长距离迁徙的鸟类。南四湖地区的鸟类虽然有些物种的部分个体繁殖后南迁越冬、北方繁殖群体迁来越冬，但由于难以判定这些个体是哪些个体以及是哪部分种群，故将该物种作为留鸟看待。

（S）夏候鸟（summer migrant）　指种群春季迁到南四湖地区进行繁殖，秋季又南迁到越冬地的鸟类。

（W）冬候鸟（winter migrant）　指种群秋季由繁殖地迁到南四湖地区越冬，春季又迁回到繁殖地的鸟类。

（P）旅鸟（migrant bird）　指春、秋季节，鸟类向北、向南迁徙途中旅经山东及南四湖地区，不停留或停留觅食后，继续进行迁徙的鸟类。

（V）迷鸟（vagrant bird）　指偏离正常迁徙路线而自然到达此地的鸟类，或连续 5 年没有出现，或历史上出现过但近年来不再出现的鸟种。

4 保护状况

由于人口增长与快速的社会经济发展，对鸟类资源的掠夺式利用和对生态环境的污染破坏，致使一些鸟类种群数量急剧下降，甚至到了濒临灭绝的状态，为了保护鸟类和生态环境平衡发展，世界自然保护联盟（IUCN）制定了动物受到威胁的标准，我国也制定了《中华人民共和国野生动物保护法》，而且公布了《国家重点保护野生动物名录》和《国家保护的有益的或者有重要经济、科学研究价值的陆生野生动物名录》（简称"三有动物名录"）。

本书用罗马数字Ⅰ、Ⅱ表示列入国家重点保护野生动物名录中的级别，Ⅲ表示列入"三有动物名录"，Ⅳ表示列入山东省省级重点保护野生动物名录中的物种；《中国濒危动物红皮书·鸟类》（郑光美和王岐山，1998）（*China Red Data Book of Endangered Animals—Aves*）简称 CRDA，用 E、V、R 和红 /CRDA 分别表示其中的濒危、易危、稀有和未定的鸟类物种；我国出版的《中国物种红色名录》（*China Species Red List*）简称 CSRL。用日、澳分别表示列入《中华人民共和国政府与日本国政府保护候鸟及其栖息环境的协定》、《中华人民共和国政府与澳大利亚政府保护候鸟及其栖息环境的协定》中的物种。Birdlife International（2001）出版的《亚洲受威胁鸟类红皮书》（*Threatened Birds of Asia*）简称 TBA；《华盛顿公约》即《濒危野生动植物种国际贸易公约》（*Convention on International Trade in Endangered Species of Wild Fauna and Flora*），简称 CITES，用 1、2、3/CITES 分别表示列入附录Ⅰ、附录Ⅱ、附录Ⅲ中的物种；用 Cr、En、Vu、Nt、Lc/IUCN 表示鸟种在《世界自然保护联盟濒危物种红色名录》中的濒危等级，分别表示极危（critically endangered）、濒危（endangered）、易危（vulnerable）、近危（near threatened）、低度关注（least concern）的物种；国际鸟类保护委员会《世界濒危鸟类红皮书》用 ICBP 表示，《联合国迁移物种公约》（又称 CMS 或波恩公约）附录Ⅱ（2008）用 2/CMS 表示。

5 重要参考文献

为提供更多物种相关信息，便于读者查证相关资料，促进鸟类监测、环境保护与广大群众的观鸟拍鸟有机结合和鸟类区系研究的深入开展，除书末文献外，还有物种参考文献，其分为两部分。一部分是有关物种文献的简称代码（表 1），如 H666、M666、Zj（a、b）666 分别表示该鸟在杭馥兰和常家传《中国鸟类名称手册》（1997）、约翰·马敬能等《中国鸟类野外手册》（2000）、赵正阶《中国鸟类志（上、下册）》（2001）书中的序号；La666/Lb666/Lc666、Zgm666、Q666、Z666、Zx666 分别表示鸟种在《台湾鸟类志（上、中、下册）》（刘小如，2012）、《中国鸟类分类与分布名录》（郑光美 2011）、《中国鸟类图鉴》（钱燕文，2001）、《中国鸟类区系纲要》（郑作新，1987）、《华东鸟类物种和亚种分类名录与分布》（朱曦 2008）中的页码。另一部分是南四湖分布鸟类的记录文献，参考文献分为国内人员（郑光美 2017）、省内人员（赛道建 2017），研究文献一律取第一作者＋发表时间。两种情况间用"；"分隔开，其排列顺序是按年份由近及远。此外，还参考了有关资质单位的报告。本地首次记录等有关情况则单独予以说明。

表 1　本书中所用主要参考文献代码说明

代码	作者	名称和时间	标注
CITES1		华盛顿公约，1973	1/CITES
H	杭馥兰和常家传	中国鸟类名称手册，1997	H 序号
La/b/c	刘小如	台湾鸟类志（上、中、下册），2012	La 页码
M	约翰·马敬能	中国鸟类野外手册，2000	M 序号
Q	钱燕文	中国鸟类图鉴，2001	Q 页码
Qm	曲利明	中国鸟类图鉴（便携版），2014	Qm 页码
Z	郑作新	*A Synopsis of the Avifauna of China*，1987/ 中国鸟类分布名录，1976	Z 页码
Za/b	赵正阶	中国鸟类志（上、下册），2001	Za 序号
Zx	朱曦	华东鸟类物种和亚种分类名录与分布，2008	Zx 页码
Zgm	郑光美	中国鸟类分类与分布名录，2017/2011	Zgm 页码
日	中华人民共和国政府 日本国政府	中华人民共和国政府与日本国政府保护候鸟及其栖息环境的协定	中日
澳	中华人民共和国政府 澳大利亚政府	中华人民共和国政府与澳大利亚政府保护候鸟及其栖息环境的协定	中澳

目 录

序
前言
编写使用说明

南四湖地区环境概述 ·············· 1
南四湖地区鸟类研究概况 ·········· 2

1 鸡形目 Galliformes
   1.1 雉科 Phasianidae ··············· 3
     石鸡华北亚种 Chukar Partridge
     Alectoris chukar pubescens ······· 3
     中华鹧鸪指名亚种 Chinese Francolin
     Francolinus pintadeanus pintadeanus ······ 4
     鹌鹑 Japanese Quail *Coturnix japonica* ···· 4
     环颈雉 Common Pheasant
     Phasianus colchicus ·············· 5
     华东亚种 *P. c. torquatus* ········· 5
     河北亚种 *P. c. karpowi* ·········· 5

2 雁形目 Anseriformes ············· 6
   2.1 鸭科 Anatidae（Ducks，Geese，Swans）···· 6
     鸿雁 Swan Goose *Anser cygnoid* ······· 7
     豆雁西伯利亚亚种 Bean Goose
     Anser fabalis middendorffii ········ 8
     短嘴豆雁指名亚种 Tundra Bean Goose
     Anser serrirostris serrirostris ······ 8
     灰雁东方亚种 Greylag Goose
     Anser anser rubrirostris ········· 9
     白额雁太平洋亚种 Greater White-fronted Goose
     Anser albifrons frontalis ········· 9
     小白额雁 Lesser White-fronted Goose
     Anser erythropus ··············· 10
     斑头雁 Bar-headed Goose *Anser indicus* ··· 10
     疣鼻天鹅 Mute Swan *Cygnus olor* ····· 11
     小天鹅乌苏里亚种 Tundra Swan
     Cygnus columbianus bewickii ······ 11
     大天鹅 Whooper Swan *Cygnus cygnus* ··· 12
     翘鼻麻鸭 Common Shelduck
     Tadorna tadorna ··············· 12
     赤麻鸭 Ruddy Shelduck
     Tadorna ferruginea ············· 13

     鸳鸯 Mandarin Duck *Aix galericulata* ········· 13
     棉凫指名亚种 Asian Pygmy Goose
     Nettapus coromandelianus coromandelianus ··· 14
     赤膀鸭指名亚种 Gadwall
     Mareca strepera strepera ·············· 15
     罗纹鸭 Falcated Duck *Mareca falcata* ···· 15
     赤颈鸭 Eurasian Wigeon *Mareca penelope* ··· 16
     绿头鸭指名亚种 Mallard
     Anas platyrhynchos platyrhynchos ·········· 16
     斑嘴鸭 Eastern Spot-billed Duck
     Anas zonorhyncha ·················· 17
     针尾鸭 Northern Pintail *Anas acuta* ··· 18
     绿翅鸭指名亚种 Green-winged Teal
     Anas crecca crecca ·················· 18
     琵嘴鸭 Northern Shoveler *Spatula clypeata* ··· 19
     白眉鸭 Garganey *Spatula querquedula* ····· 20
     花脸鸭 Baikal Teal *Sibirionetta formosa* ···· 20
     赤嘴潜鸭 Red-crested Pochard *Netta rufina* ·· 21
     红头潜鸭 Common Pochard *Aythya ferina* ·· 21
     青头潜鸭 Baer's Pochard *Aythya baeri* ···· 22
     白眼潜鸭 Ferruginous Duck *Aythya nyroca* ·· 23
     凤头潜鸭 Tufted Duck *Aythya fuligula* ···· 23
     斑背潜鸭太平洋亚种 Greater Scaup
     Aythya marila nearctica ·············· 24
     黑海番鸭 Black Scoter
     Melanitta americana ················ 24
     鹊鸭指名亚种 Common Goldeneye
     Bucephala clangula clangula ··········· 24
     斑头秋沙鸭 Smew *Mergellus albellus* ······ 25
     普通秋沙鸭指名亚种 Common Merganser
     Mergus merganser merganser ··········· 26
     红胸秋沙鸭 Red-breasted Merganser
     Mergus serrator ·················· 26
     中华秋沙鸭 Scaly-sided Merganser
     Mergus squamatus ·················· 27

3 䴙䴘目 Podicipediformes ············· 28
   3.1 䴙䴘科 Podicipedidae ············· 28
     小䴙䴘普通亚种 Little Grebe
     Tachybaptus ruficollis poggei ·········· 28

凤头䴙䴘指名亚种　Great Crested Grebe

　Podiceps cristatus cristatus ················29

角䴙䴘指名亚种　Horned Grebe

　Podiceps auritus auritus ·················29

黑颈䴙䴘指名亚种　Black-necked Grebe

　Podiceps nigricollis nigricollis ···········30

4　红鹳目 Phoenicopteriformes ············31

　4.1　红鹳科 Phoenicopteridae（Flamingos）·······31

　　大红鹳指名亚种　Greater Flamingo

　　　Phoenicopterus roseus roseus ···········31

5　鸽形目 Columbiformes ················32

　5.1　鸠鸽科 Columbidae（Doves，Pigeons）·····32

　　火斑鸠普通亚种　Red Turtle Dove

　　　Streptopelia tranquebarica humilis ·······32

　　山斑鸠指名亚种　Oriental Turtle Dove

　　　Streptopelia orientalis orientalis ·······32

　　灰斑鸠指名亚种　Eurasian Collared Dove

　　　Streptopelia decaocto decaocto ··········33

　　珠颈斑鸠指名亚种　Spotted Dove

　　　Streptopelia chinensis chinensis ·········34

6　夜鹰目 Caprimulgiformes ··············35

　6.1　夜鹰科 Caprimulgidae（Nightjars）·······35

　　普通夜鹰普通亚种　Grey Nightjar

　　　Caprimulgus indicus jotaka ············35

　6.2　雨燕科 Apodidae（Swifts）··············35

　　普通雨燕北京亚种　Common Swift

　　　Apus apus pekinensis ················35

7　鹃形目 Cuculiformes ·················37

　7.1　杜鹃科 Cuculidae（Cuckoos）···········37

　　小鸦鹃华南亚种　Lesser Coucal

　　　Centropus bengalensis lignator ·········37

　　小杜鹃　Lesser Cuckoo

　　　Cuculus poliocephalus ···············38

　　四声杜鹃指名亚种　Indian Cuckoo

　　　Cuculus micropterus micropterus ·········38

　　中杜鹃指名亚种　Himalayan Cuckoo

　　　Cuculus saturatus saturatus ···········39

　　大杜鹃华西亚种　Common Cuckoo

　　　Cuculus canorus bakeri ··············39

8　鸨形目 Otidiformes ··················41

　8.1　鸨科 Otididae ····················41

　　大鸨普通亚种　Great Bustard

　　　Otis tarda dybowskii ················41

9　鹤形目 Gruiformes ··················42

　9.1　秧鸡科 Rallidae ··················42

　　普通秧鸡　Brown-cheeked Rail

　　　Rallus indicus ···················42

小田鸡指名亚种　Baillon's Crake

　Zapornia pusilla pusilla ···············43

红胸田鸡普通亚种　Ruddy-breasted Crake

　Zapornia fusca erythrothrorax ············43

斑胁田鸡　Band-bellied Crake

　Zapornia paykullii ·················44

白胸苦恶鸟指名亚种　White-breasted Waterhen

　Amaurornis phoenicurus phoenicurus ········44

董鸡　Watercock　*Gallicrex cinerea* ·········45

黑水鸡普通亚种　Common Moorhen

　Gallinula chloropus chloropus ···········45

白骨顶指名亚种　Common Coot

　Fulica atra atra ··················46

　9.2　鹤科 Gruidae（Cranes）·············47

　　白鹤　Siberian Crane　*Grus leucogeranus* ····47

　　白枕鹤　White-naped Crane　*Grus vipio* ·····48

　　灰鹤普通亚种　Common Crane

　　　Grus grus lilfordi ················48

　　白头鹤　Hooded Crane　*Grus monacha* ·······49

10　鸻形目 Charadriiformes ··············50

　10.1　反嘴鹬科 Recurvirostridae ···········50

　　黑翅长脚鹬指名亚种　Black-winged Stilt

　　　Himantopus himantopus himantopus ·······50

　　反嘴鹬　Pied Avocet　*Recurvirostra avosetta* ···51

　10.2　鸻科 Charadriidae ···············51

　　凤头麦鸡　Northern Lapwing

　　　Vanellus vanellus ················52

　　灰头麦鸡　Grey-headed Lapwing

　　　Vanellus cinereus ················52

　　金鸻　Pacific Golden Plover　*Pluvialis fulva* ···53

　　长嘴剑鸻　Long-billed Plover

　　　Charadrius placidus ···············53

　　金眶鸻普通亚种　Little Ringed Plover

　　　Charadrius dubius curonicus ··········54

　　环颈鸻东亚亚种　Kentish Plover

　　　Charadrius alexandrinus dealbatus ·······55

　　东方鸻　Oriental Plover　*Charadrius veredus* ··55

　10.3　彩鹬科 Rostratulidae ············56

　　彩鹬指名亚种　Greater Painted Snipe

　　　Rostratula benghalensis benghalensis ·····56

　10.4　水雉科 Jacanidae（Jacanas）········56

　　水雉　Pheasant-tailed Jacana

　　　Hydrophasianus chirurgus ···········56

　10.5　鹬科 Scolopacidae（Snipes，Sandpipers，

　　　Phalaropes）···················57

　　丘鹬　Eurasian Woodcock

　　　Scolopax rusticola ···············58

生态习性： 栖息于湖泊、河流和沼泽地等开阔地带。性喜集群，陆栖为主，行走笨拙。多在黄昏和晚上觅食植物及小型动物。每窝产 2～10 枚卵，每隔 1 天产 1 枚卵；第一枚卵产出后开始孵卵，雌鸟孵卵，雄鸟警戒，孵化期 28～30 天。早成雏，孵出后即活动。本地虽有分布记录，但无标本、照片实证。

分布： 济宁，（WP）南四湖；邹城-（WP）西苇水库。

（P）◎东营；鲁西北平原，鲁西南平原湖区。

黑龙江，内蒙古，河北，陕西，甘肃，宁夏，青海，新疆，江西，湖北，湖南，四川，重庆，贵州，云南，西藏。

区系分布与居留类型：［古］（PW）。

物种保护： Ⅲ，无危 /CSRL，Lc/IUCN。

参考文献： H77，M74，Zja80；Q30，Qm169，Z46/42，Zx21，Zgm23/22。

记录文献： 朱曦 2008；赛道建 2017、2013，冯质鲁 1996，纪加义 1987a，济宁站 1985。

▶ 天鹅属 Cygnus

疣鼻天鹅　Mute Swan
Cygnus olor（Gmelin）

同种异名： 瘤鹄，哑声天鹅，赤嘴天鹅，天鹅；
—；　**形态特征：** 大型游禽，全身羽毛洁白色。嘴红色，前端淡近肉桂色，嘴甲褐色。眼先、嘴基和嘴缘黑色。眼先裸露。前额有黑色疣状突起；头顶至枕部略沾淡棕色。颈修长，超过体长或与身躯等长。尾短而圆。腿短至中等，跗鳞网状；跗蹠、蹼、爪黑色，前趾有蹼，蹼大，后趾不具蹼，拇指短而位高。雌鸟似雄鸟，但体型较小，前额疣状突不明显。

疣鼻天鹅（李在军 20080130 摄于东营市河口；孙劲松 20090312 摄于东营市孤岛南大坝）

生态习性： 栖息于开阔的湖泊、海湾等水体。性温顺而胆怯机警。成对或家族群活动。觅食植物性食物。繁殖期 3～5 月，每窝产卵 5～6 枚，雌鸟孵卵，雄鸟警戒，孵化期约 35 天。早成雏，3 个月后具飞翔能力，3 龄时，性成熟，少数雌体为 2 龄。本地虽有分布记录，但无标本、照片实证。

分布： （W）南四湖。

◎东营，青岛，◎日照，◎烟台；胶东半岛。

黑龙江，吉林，辽宁，内蒙古，河北，北京，天津，河南，陕西，甘肃，青海，新疆，江苏，浙江，湖北，四川，台湾。

区系分布与居留类型：［古］（W）。

物种保护： Ⅱ，近危 /CSRL，V/CRDB，Lc/IUCN。

参考文献： H81，M66，Zja84；La116，Q32，Qm170，Z49/45，Zx19，Zgm24/19。

记录文献： 朱曦 2008；赛道建 2017、2013，冯质鲁 1996，纪加义 1987B、1987a。

小天鹅乌苏里亚种　Tundra Swan
Cygnus columbianus bewickii（Yarrell W）

同种异名： 鹄，啸声天鹅，天鹅，白天鹅，短嘴天鹅；Whistling Swan；—

形态特征： 大型水禽，白色天鹅。似大天鹅而明显地小，颈、嘴稍短。嘴黑灰色，上嘴基部黄斑延伸不超过鼻孔。全身羽毛洁白，头顶、枕部略沾有棕黄色。脚短健，位于体后部，跗蹠、蹼、爪均黑色。雌鸟似雄鸟，略小。幼鸟淡灰褐色，嘴基粉红色，嘴端黑色。

小天鹅（楚贵元 20120310 摄于南阳湖，宋泽远 20120130 摄于太白湖）

生态习性： 栖息于开阔的湖泊等大型水域。8 月底迁往越冬地，3 月迁回繁殖地。觅食水生植物及蠕虫、昆虫和小鱼等。繁殖期 6～7 月，每窝产卵 2～5 枚。雌鸟担任孵卵，孵化期 30～42 天，雄鸟警戒。雏鸟 50～70 日龄获得飞翔能力。

分布：（PW）南四湖；任城区 - 太白湖（宋泽远20120130）；微山县 - 蒋集河（张月侠20170101），南阳湖（楚贵元20120310），●（1958济宁一中）微山湖（张月侠20170101）。

◎德州，◎东营（P），（P）菏泽，◎济南，◎莱芜，◎日照，◎泰安，淄博；胶东半岛，鲁中山地，鲁西北平原，鲁西南平原湖区。

黑龙江，吉林，辽宁，内蒙古，河北，北京，天津，山西，河南，宁夏，甘肃，新疆，安徽，江苏，上海，浙江，江西，湖南，湖北，四川，贵州，云南，福建，台湾，广东，广西。

区系分布与居留类型：［古］（P）。

物种保护：Ⅱ，近危/CSRL，V/CRDB，中日，Lc/IUCN。

参考文献：H80，M68，Zja83；La118，Q32，Qm170，Z48/44，Zx19，Zgm24/20。

记录文献：朱曦2008a；赛道建2017、2013，冯质鲁1996，纪加义1985、1987B、1987a，济宁站1985。

大天鹅　Whooper Swan
Cygnus cygnus（Linnaeus）

同种异名：黄嘴天鹅，天鹅，白天鹅；—；*Cygnus cygnus cygnus*（Linnaeus）

形态特征：大型游禽，白色较大天鹅。嘴黑色，从眼先到鼻孔之下有喇叭形黄斑。鼻孔椭圆形，眼先裸露。全身洁白，仅头部稍带棕黄色。颈长几乎与体长相等。跗蹠、蹼、爪黑色。雌鸟，似雄鸟，略小。幼体灰褐色，下体、尾、飞羽色淡。

大天鹅（陈保成20100101 摄于微山岛）

生态习性：繁殖期喜栖息于开阔、食物丰富的浅水水域，冬季栖息在多草海滩、沿海潟湖和湖泊、农田地带。晨昏觅食水生植物、谷物和幼苗。繁殖期5～6月，保持"终身伴侣制"，每窝产卵4～7枚，雌鸟单独孵卵，孵化期31～40天。早成雏，4龄时性成熟。

分布：（W）●南四湖；微山县 - ●（1959）南阳湖，微山湖（张月侠20170101），微山岛（陈保成20100101）。

●◎滨州，◎德州，（W）◎▲东营，（W）◎菏泽，（P）◎济南，聊城，◎莱芜，（W）◎青岛，◎日照，（W）●泰安，◎潍坊，（W）◎●▲威海，◎烟台，◎枣庄，●淄博；渤海，东南沿海，胶东半岛，鲁中山地，鲁西北平原，鲁西南平原湖区。

黑龙江，吉林，辽宁，内蒙古，河北，北京，天津，山西，河南，陕西，宁夏，甘肃，青海，新疆，安徽，江苏，浙江，江西，湖南，湖北，四川，贵州，云南，台湾，广西。

区系分布与居留类型：［古］（WP）。

物种保护：Ⅱ，近危/CSRL，V/CRDB，中日，Lc/IUCN

参考文献：H79，M67，Zja82；La121，Q32，Qm171，Z48/44，Zx19，Zgm25/19。

记录文献：朱曦2008；赛道建2017、2013，李久恩2012，闫理钦1999，冯质鲁1996，纪加义1987B、1987a，济宁站1985。

▶ 麻鸭属 *Tadorna*

翘鼻麻鸭　Common Shelduck
Tadorna tadorna（Linnaeus）

同种异名：花凫（fú），赤嘴天鹅；Shelduck；*Anas tadorna* Linnaeus 1758

形态特征：大型黑白色分明鸭类。嘴赤红色，上翘，繁殖期基部有明显冠状瘤。体羽多白色。头和颈黑褐色，具绿色光泽。从上背至胸有一条宽栗色环带。腹中央有一条宽黑色纵带。尾羽、尾上覆羽白色，尾下覆羽棕白色。跗蹠肉红色，爪黑色。飞翔时，其黑色头部、飞羽、腹部纵带、棕栗色胸环，鲜红色嘴、脚形成鲜明对照。雌鸟似雄鸟，但嘴基无冠状瘤，前额有小的白色斑点。体色较浅，栗色胸环较窄，头颈部及翼镜绿辉色不明显，腹部黑色纵带不甚清晰，尾下覆羽近白色。

生态习性：繁殖期栖息于开阔盐碱平原草地、湖泊、海岸及附近沼泽地带。结群活动，繁殖期成对活动。性杂食。繁殖期5～7月，每窝多产卵8～10枚，雌鸟单独孵卵，雄鸟在巢附近警戒。早成雏，2龄时性成熟。

分布：●（WP）济宁，南四湖；任城区 - 太白湖（张月侠20181002），●（1958济宁一中）辛店；

翘鼻麻鸭（陈保成 20100101 摄于昭阳村，张月侠 20181002 摄于太白湖）

赤麻鸭（徐炳书 20121001 摄于微山湖）

微山县 - ●（1958 济宁一中）微山湖，昭阳村（陈保成 20100101）；邹城 -（P）西苇水库。

●◎滨州，（P）◎东营，（W）菏泽，济南，◎聊城，●青岛，◎日照，（W）◆●◎泰安，◎威海，◎烟台；胶东半岛，鲁西北平原，鲁西南平原湖区。

除海南外，各省（自治区、直辖市）可见。

区系分布与居留类型：［古］（W）

物种保护： Ⅲ，无危 /CSRL，中日，Lc/IUCN。

参考文献： H84，M81，Zja87；La123，Q34，Qm171，Z51/48，Zx22，Zgm25/23。

记录文献： 朱曦 2008；赛道建 2017、2013，张月侠 2015，冯质鲁 1996，纪加义 1987a，济宁站 1985。

赤麻鸭 Ruddy Shelduck
Tadorna ferruginea（Pallas）

同种异名： 渎凫（dúfú），黄鸭，黄麻鸭，黄香鸭子；—；*Anas ferruginea* Pallas，1764，*Casarca ferruginea*（Pallas）

形态特征： 体形较大赤黄色鸭。嘴黑色。头顶棕黄白色；颊、喉、前颈及颈侧淡棕黄色；下颈基部有一黑色领环。上背、肩赤黄褐色，下背稍淡；腰棕褐色，具暗褐色虫蠹状斑。下体棕黄褐色，上胸、下腹及尾下覆羽色深；腋羽和翼下覆羽白色。尾和尾上覆羽黑色。脚黑色。飞翔时，黑色飞羽、尾、嘴、脚黄褐色的体羽，白色翼上和翼下覆羽，三者形成鲜明对照，易于识别。雌鸟似雄鸟，但体色稍淡，头顶和头侧几近白色，颈无黑色领环。幼鸟似雌鸟，但嘴黑色。

体色稍暗，特别是头部和上体微沾灰褐色。跗蹠黑色。

生态习性： 栖息于湖泊、河口、沿海滩涂及附近的草原、沼泽、农田等生境。繁殖期成对生活，非繁殖期集群活动。杂食性。繁殖期 4～6 月，每窝产卵 6～10 枚，卵产齐后由雌鸟单独孵卵，孵化期 27～30 天。早成雏，孵出后即长满绒羽，会游泳和潜水。

分布： ●（W）济宁，南四湖（陈保成 2008 0217）；任城区 - ●（1958 济宁一中）辛店；微山县 - 爱湖（20160221），白鹭湖（20171218、20180126，沈波 20171205，张月侠 20171218），●（195911 山东师大）●（1958 济宁一中）微山湖（徐炳书 20091207、20121001），昭阳村（20160222，陈保成 20080227）。

（W）◎东营，（W）菏泽，（W）◎济南，（W）聊城，◎莱芜，◎日照，（W）◆◎●泰安，◎威海，◎烟台，淄博；胶东半岛，鲁中山地，鲁西北平原，鲁西南平原湖区。

除海南外，各省（自治区、直辖市）可见。

区系分布与居留类型：［古］R（W）。

物种保护： Ⅲ，无危 /CSRL，中日，Lc/IUCN。

参考文献： H83，M79，Zja86；La126，Q34，Qm171，Z50/48，Zx22，Zgm25/23。

记录文献： 朱曦 2008；赛道建 2017、2013，张月侠 2015，闫理钦 2013，李久恩 2012，冯质鲁 1996，纪加义 1987a，济宁站 1985。

▶ 鸳鸯属 *Aix*

鸳鸯 Mandarin Duck
Aix galericulata（Linnaeus）

同种异名： 匹鸟，官鸭；—；*Dendronessa galericulata*（Linnaeus）

形态特征：小型游禽，雌雄异色鸭。雄鸭嘴暗红色，尖端白色。额和头顶中央翠绿色，具金属光泽。眼先淡黄色，眼上方和耳羽棕白色。颊部具棕栗色斑。铜赤色枕部、后颈暗紫绿色长羽和宽而长的白色眉纹延长部分共同构成羽冠。颈侧领羽长矛形、辉栗色，羽轴黄白色。背和腰暗褐色，具铜绿色光泽。内翈栗黄色，扩大为扇状直立帆羽，边缘前段为棕白色，后段为绒黑色，羽干黄色，奇特而醒目，野外极易辨认。雌鸟嘴褐色至粉红色，基部白色。眼周白圈与眼后白纹相连形成独特的白色眉纹。头和后颈灰褐色，无冠羽。上体灰褐色。翅似雄鸟，但缺少金属光泽和直立帆状羽。颏、喉白色。胸、胸侧、两肋棕褐杂以淡色斑点。腹和尾下覆羽白色。

鸳鸯（陈保成 20050327 摄于韩庄）

生态习性：繁殖期主要栖息于山地森林区的河流、湖泊、芦苇沼泽和稻田地，常成对生活。冬季多栖息在开阔水体、沼泽地带，常成群活动。杂食性，食物的种类常随季节和栖息地的不同而变化。繁殖期5～7月，每窝产卵2～7枚，雌鸟孵卵。早成雏。

分布：●（P）济宁，南四湖；微山县-韩庄（陈保成20050327），●（19840417）鲁桥，●（1958济宁一中）南阳湖。

（P）◎东营，●青岛，◎日照，（W）●◎泰安，◎威海，◎烟台，淄博；胶东半岛，鲁中山地，鲁西北平原，鲁西南平原湖区。

除青海、西藏外，各省（自治区、直辖市）可见。

区系分布与居留类型：［古］（P）。

物种保护：Ⅱ，V/CRDB，Lc/IUCN。

参考文献：H107，M84，Zja110；La129，Q42，Qm172，Z67/62，Zx23，Zgm26/24。

记录文献：朱曦2008；赛道建2017、2013，孙太福2017，闫理钦2006、1999，冯质鲁1996，田逢俊1993b，纪加义1987Ba，济宁站1985。

▶ 棉凫属 *Nettapus*

棉凫指名亚种　Asian Pygmy Goose
Nettapus coromandelianus coromandelianus
（Gmelin）

同种异名：棉鸭，八鸭，棉花小鸭子，小白鸭；Cotton Pygmy-goose，Cotton Pygmy Goose，Cotton Teal；*Anas coromandelianus* Gmelin，1788

形态特征：小型鸭科鸟类。雄鸟嘴峰黑棕色，头部除额、头顶黑褐色外，前额、余部和颈白色，颈基部宽黑色颈环闪绿色光泽，下体白色；肩、腰、腋羽、翼覆羽和飞羽黑褐色具金属绿色光泽、大覆羽显著，初级飞羽中部白形成白色大翼斑，次级飞羽具白端斑，三级飞羽具紫蓝色光泽；尾上覆羽及两胁白有黑色虫蠹状细斑，尾暗褐色有绿色光泽、羽缘浅棕色，尾下覆羽白具褐色端斑；跗跖黑色、蹼黄色。雌鸟嘴峰褐色，额和头顶暗褐色，额杂白色，眉纹白、贯眼纹黑色，两颊、前额污白具不明显黑色细纹，喉白色；背、肩、翅覆羽和飞羽褐色具绿色光泽，大覆羽、飞羽具白色端斑，但初级飞羽窄狭、次级飞羽宽。腰和尾暗褐色，尾上覆羽褐色具棕白色细斑；下颈两侧、胸污白具黑褐色细斑。腹、胁及尾下覆羽白色，两胁具褐纹；跗跖两侧及后缘青黄色。幼鸟似雌鸟，腹面杂斑多而明显，背面无闪亮光泽。

棉凫（宋旭和李苞 20190511 摄于兴隆庄采煤塌陷区）

生态习性：栖息于湖河、沼泽地带，喜富有水生植物的开阔水域。成对或小群体活动，夜晚多栖息于湖中。常在水中活动，善游泳、少潜水。白天在水面和岸边浅水处觅食水、陆植物及水生动物。繁殖期5～8月，在距水域不远的树洞里营巢。每窝产8～14枚白色卵。雌鸟孵卵，雄鸟警戒，孵化期15～16天。依据2019年5月11日，北京的宋旭和李苞参与当地举办的观鸟比赛、摄于兖州市兴隆庄街道采煤塌陷区的照片和录像，鉴定为棉凫，是济宁市与山东鸟类新记录。

分布： 兖州 - 兴隆庄采煤塌陷区（宋旭 20190511，李苞 20190511）。

内蒙古，河北，安徽，江苏，上海，浙江，江西，湖南，湖北，四川，重庆，贵州，云南，福建，台湾，广东，广西，海南，香港。

区系分布与居留类型： ［广］S。

物种保护： Ⅲ，Lc/IUCN。

参考文献： H108，M83，Zja111；La133，Q42，Qm172，Z68/63，Zx22，Zgm26/23。

记录文献： 山东省及南四湖地区首次记录。

▶ 鸭属 Anas

赤膀鸭指名亚种　Gadwall
***Mareca strepera strepera*（Linnaeus）**

同种异名： 紫膀鸭，青边仔，漤凫（jifú）；—；*Anas strepera* Linnaeus

形态特征： 中型鸭类。嘴黑色。前额棕色，头顶棕色杂有黑褐色斑纹；头侧及上部浅白色杂以褐色斑点；暗褐色贯眼纹从嘴基至耳区；颊棕色，喉及前颈上部棕白色杂褐色斑。颈部棕红色领圈在后颈中部断开。前颈下部及胸暗褐色杂星月形白斑而呈鳞片状。后颈上部、背暗褐色；上背和两肩具波状白色细斑，下背纯暗褐色具浅色羽缘。两胁同上背但褐色较浅。腋羽纯白色。飞行时，翅近内端有明显方形大白斑。腰、尾侧、尾上和尾下覆羽绒黑色，尾羽灰褐色、羽缘白色。跗蹠橙黄色或棕黄色，爪黑色。冬羽雄鸟似雌鸟。雌鸟嘴橙黄色、嘴峰黑色。上背和腰羽色深暗近黑色。头和颈侧浅棕白色杂褐色细纹；颏和喉棕白色，无褐色细纹；下体白色或棕白色，除上腹外，满

赤膀鸭（赛道建 20151208 摄于微山湖）

具褐色斑，胸和胁明显且缀有棕色。幼鸟似雌鸟。翅覆羽无棕栗色，翼镜黑色部分灰褐色，白色部分灰棕色，腹部满杂以褐色斑。

生态习性： 栖息在江河、湖泊、河湾、水塘等富有水生植物的开阔水域中，内陆沼泽和海边沼泽地带。常成小群活动，喜欢与其他野鸭混群，性机警。晨昏在水边水草丛中觅食，主要采食水生植物。繁殖期 5～7 月，每窝产卵 8～12 枚，孵化期约 26 天。早成雏。

分布： 济宁，（P）南四湖；任城区 - 太白湖（宋泽远 20121124，张月侠 20161207）；微山县 - ●（19831203、19841025）鲁桥（19841025），●微山湖（20151208，张月侠 20151208、20170101、20171217）。

滨州，（P）◎东营，◎济南，◎日照，（P）◎●泰安，◎威海，◎烟台，◎枣庄，◎淄博；胶东半岛，鲁西北平原，鲁西南平原湖区。

各省（自治区、直辖市）可见。

区系分布与居留类型： ［古］W（P）。

物种保护： Ⅲ，无危 /CSRL，中日，Lc/IUCN。

参考文献： H95，M85，Zja97；La135，Q38，Qm172，Z58/55，Zx24，Zgm26/24。

记录文献： 朱曦 2008；赛道建 2017、2013，闫理钦 1999、2006，冯质鲁 1996，纪加义 1987a，济宁站 1985。

罗纹鸭　Falcated Duck
***Mareca falcata*（Georgi）**

同种异名： 凤头鸭、三鸭、葭凫（jiāfú）、镰刀鸭、扁头鸭、早鸭；Falcated Teal；*Anas falcata* Georgi

形态特征： 中型鸭类。嘴黑褐色。眼后缘有小白新月形斑。额基有一白斑，头顶暗栗色，头与颈侧、颈冠羽铜绿色。上背及两肋灰白色，具暗褐色波状细纹，下背和腰暗褐色。两肩内侧灰白色，具细窄、暗褐色横斑。颏、喉和前颈白色，颈基有一黑色横带。其余下体白色，缀有棕灰色，胸密布新月形暗褐色斑，腹部满杂黑褐色波状横斑，呈黑白相间波浪状细纹。腋羽白色；两胁灰白色，具黑褐色波状细纹，在黑带前形成三角形白斑。尾短，灰褐色。脚橄榄灰色。非繁殖期羽雄鸟类似于雌鸟。雌鸟上体黑褐色杂淡棕色 U 形斑，下体白色满布黑斑。幼鸟似雌鸟，皮黄色多，飞羽短而钝，肩羽具淡黄色羽缘，缺少淡色亚端斑。

生态习性： 栖息于湖泊、河湾及沼泽地带。性胆怯而机警。晨昏或在水边浅水处或在附近农田觅食水生植物等。繁殖期 5～7 月，每窝产卵 6～10 枚，孵

罗纹鸭（19831204 采于鲁桥，张月侠 20151208 摄于微山湖）

赤颈鸭（1958 采于南阳湖，赛道建 20140306 摄于日照市付疃河，李在军 20081204 摄于东营市河口）

卵主要由雌鸟承担，雄鸟警戒，孵化期 24～29 天。早成雏，出壳后即能跟随亲鸟游泳和觅食。

分布： ●（W）济宁，南四湖；任城区 - 太白湖（20170309）；微山县 - ●（19831204）鲁桥，●（1958 济宁一中）微山湖（张月侠 20151208、20171217），●（1958 济宁一中）南阳湖。

滨州，（W）◎东营，（W）菏泽，◎济南，（W）聊城，青岛，◎日照，●泰安，（W）◎威海，◎烟台，◎淄博；胶东半岛，鲁中山地，鲁西北平原，鲁西南平原湖区。

除甘肃、新疆外，各省（自治区、直辖市）可见。

区系分布与居留类型： ［古］（W）。

物种保护： Ⅲ，中日，Nt/IUCN。

参考文献： H92，M86，Zja93；La137，Q36，Qm173，Z55/51，Zx24，Zgm26/24。

记录文献： 朱曦 2008；赛道建 2017、2013，闫理钦 1999，宋印刚 1998，冯质鲁 1996，纪加义 1987a，济宁站 1985。

赤颈鸭 Eurasian Wigeon
Mareca penelope（Linnaeus）

同种异名： 赤颈凫（fú），鹤子鸭，红鸭，鹅子鸭，祭（jì）凫；—；*Anas penelope* Linnaeus，*Anas penelope strepera* Linnaeus

形态特征： 中型鸭类。嘴峰蓝灰色，先端黑色；繁殖期铅蓝色。头颈棕红色，额至头顶有乳黄色纵带。上体灰白色杂以暗褐色波状细纹，肩部显著。翼镜翠绿色，前后边缘衬以绒黑色宽边，纯白色翼上覆羽在水中时可见体侧形成显著白斑，飞翔时与绿色翼镜形成鲜明对照，容易和其他鸭类相区别。喉和颈暗褐色。胸及两侧棕灰色，胸前缀褐色斑点，两胁灰白

色，腹纯白色。尾黑褐色，较长尾上覆羽和尾下覆羽绒黑色。跗蹠铅蓝色，蹼和爪黑褐色。非繁殖期羽似雌鸟。雌鸟上体黑褐色，上胸棕色，下体白色。

生态习性： 栖息于湖泊、河口、海湾、沼泽等各类水域。10 月初从繁殖地南迁到华北以南地区越冬，常成群在临水岸边觅食，主要取食水生植物和农作物等植物性食物。繁殖期 5～7 月，每窝产卵 7～11 枚，雌鸟孵卵。早成雏。

分布： ●（WP）济宁，南四湖；微山县 - ●（1958 济宁一中）南阳湖，●（1958 济宁一中）微山湖。

滨州，（W）◎东营，◎济南，◎聊城，青岛，◎日照，泰安，◎威海，◎烟台；胶东半岛，鲁中山地，鲁西北平原，鲁西南平原湖区。

各省（自治区、直辖市）可见。

区系分布与居留类型： ［古］（WP）。

物种保护： Ⅲ，无危 /CSRL，3/CITES，中日，Lc/IUCN。

参考文献： H96，M87，Zja98；La139，Q38，Qm173，Z59/55，Zx23，Zgm26/24。

记录文献： 朱曦 2008；赛道建 2017、2013，闫理钦 1999，冯质鲁 1996，纪加义 1987a，济宁站 1985。

绿头鸭指名亚种[*1] Mallard
Anas platyrhynchos platyrhynchos（Linnaeus）

同种异名： 野鸭子，对鸭；—；—

形态特征： 大型鸭类。嘴黄绿色，嘴甲黑褐色。头和颈辉绿色，具金属光泽。颈部有白色领环。上背、肩褐色，密杂灰白色波状细斑，羽缘棕黄色；两

[*1] 近年来的调查和照片时间说明，绿头鸭与斑嘴鸭在南四湖越冬、繁殖，故种群应为留鸟。

2018ab，赛道建 2017、2013，闫理钦 1999、2006，宋印刚 1998，冯质鲁 1996，纪加义 1987a，济宁站 1985，黄浙 1965b。

白眼潜鸭　Ferruginous Duck
Aythya nyroca（Güldenstädt）

同种异名： 白眼凫；—；*Aans nyroca* Guldenstadt，1770

形态特征： 中型潜鸭。嘴黑色，颏具三角形白斑，眼明显白色。头颈、胸、胁暗栗色，颈基具黑褐色领环。上体暗褐色，翼镜、翼下、腹和尾下白色，肛侧黑色。雌鸟上胸棕褐色、下胸白色杂有棕色斑，胁褐色具棕色端斑。游泳时，头、颈、胸和胁暗栗色，肛侧黑色和尾下白色形成明显对照。飞翔时，腹中部、翅上翅下白斑与暗色体羽形成明显对比，反差强烈。幼鸟似雌鸟。头侧和前颈色较淡，多皮黄色。胁和上体具淡色羽缘。

白眼潜鸭（马士胜 20141003 摄于太白湖）

生态习性： 繁殖期栖息在开阔地区，以及富有水生植物的湖泊、池塘和沼泽地带。晨昏常在水边浅水处潜水觅食，在浅水处将头伸入水或尾朝上扎入水中取食，杂食性。繁殖期 4～6 月，通常每窝产卵 7～11 枚，雌鸟孵卵，孵化期 25～28 天。早成雏。

分布： ◎济宁；任城区 - 太白湖（马士胜 20141003）。

◎德州，◎东营，◎济南，◎青岛；（P）鲁西北平原，鲁西南平原湖区。

黑龙江，吉林，内蒙古，河北，北京，天津，山西，陕西，宁夏，甘肃，青海，新疆，江苏，上海，浙江，江西，湖南，湖北，四川，重庆，贵州，云南，西藏，福建，台湾，广西，香港。

区系分布与居留类型：［古］S（P）。

物种保护： Ⅲ，无危 /CSRL，3/CITES，Nt/IUCN。

参考文献： H103，M101，Zja106；La178，Q40，Qm178，Z64/59，Zgm30/27。

记录文献： 张乔勇 2017；赛道建 2017、2013，纪加义 1987a，黄浙 1965b。

凤头潜鸭　Tufted Duck
Aythya fuligula（Linnaeus）

同种异名： 泽凫，凤头鸭子，黑头四鸭；—；*Anas fuligula* Linnaeus，1758，*Fuligula cristata*，*Fuligula fuligula*，*Nyroca fuligula*

形态特征： 中型潜鸭。嘴蓝灰色或铅灰色，嘴甲黑色。头颈黑色具紫色光泽，头顶特长形黑色冠羽披于头后明显。除腹、胁及翼镜为白色外，全身黑色。跗蹠铅灰色，蹼黑色。非繁殖羽似雌鸟，头颈和上体羽色较暗，腹淡灰褐色，两胁斑纹色淡。幼鸟羽色似雌鸟。头和上体淡褐色，具皮黄色羽缘；头顶较暗。

凤头潜鸭（楚贵元 20130903 摄于昭阳村，张月侠 20170101 摄于微山湖）

生态习性： 主要栖息活动于湖泊、沼泽、河口等开阔水域，在富有植物的开阔湖泊和河流繁殖。白天飘浮在开阔水面休息，晨昏在水边浅水处植物茂盛的地方觅食，杂食性。繁殖期在 5～6 月，每巢产 6～11 卵，孵化期 23～28 天。早成雏。

分布： ◎济宁，南四湖（楚贵元 20090118）；任城区 - 太白湖（20171215，孙玲艳 20171105，张月侠 20171215）；微山县 -（P）●（195911 山东师大）南阳湖，微山湖（张月侠 20170101），昭阳村（楚贵元 20130903）。

滨州，（P）◎东营，（P）聊城，◎日照，（P）◎威海，◎烟台；胶东半岛，鲁中山地，鲁西北平原，鲁西南平原湖区。

各省（自治区、直辖市）可见。

区系分布与居留类型：［古］（P）。

物种保护： Ⅲ，无危 /CSRL，中日，Lc/IUCN。

参考文献： H105，M103，Zja108；La180，Q40，Qm178，Z65/61，Zx28，Zgm30/28。

记录文献： 朱曦 2008；赛道建 2017、2013，闫理钦 1999，冯质鲁 1996，纪加义 1987a，济宁站 1985。

斑背潜鸭太平洋亚种　Greater Scaup
Aythya marila nearctica（Stejneger）

同种异名： 铃鸭，铃凫，东方蚬（xiǎn）鸭，横画背鸭；Scaup Duck，Eastern Scaup；*Anas marila* Linnaeus，1761，*Fuligula mariloides* Vigors，1839，*Aythya marila mariloides*

形态特征： 体矮中型潜鸭。嘴蓝灰色。头颈黑色具绿色光泽。上背黑色，下背和肩白色有黑色波浪状细纹。胸黑色，腹、胁白色，下腹有稀疏暗褐色细斑，翼下覆羽和腋羽白色。尾羽淡黑褐色，尾上覆羽黑色，尾下覆羽黑色。跗蹠和趾铅蓝色，爪黑色。雌鸟褐色，两胁浅褐色，嘴基具宽带状白斑。

斑背潜鸭（董宪法 20161112 摄于太白湖）

生态习性： 繁殖期栖息于北极苔原带、苔原森林带等处。冬季栖息于沿海湾、河口、湖泊、沼泽地带。善游泳潜水，起飞时两翅拍打水面，晨昏通过潜水觅食，杂食性。繁殖期在 5～6 月，窝产卵 6～11 枚，孵化期 26～28 天。

分布：（P）济宁，南四湖；任城区 - 太白湖（董宪法 20161112）；微山县 -（P）微山湖。

（P）◎东营，（P）●青岛，◎日照，（P）◎威海，（P）烟台；胶东半岛，鲁西北平原，鲁西南平原湖区。

黑龙江，吉林，辽宁，内蒙古，河北，北京，天津，河南，宁夏，新疆，江苏，上海，浙江，江西，湖南，湖北，四川，云南，福建，台湾，广东，广西，香港。

区系分布与居留类型：［古］（P）。
物种保护： Ⅲ，中日，Lc/IUCN。
参考文献： H106，M104，Zja109；La183，Q40，Qm178，Z66/62，Zx29，Zgm30/28。

记录文献： 朱曦 2008；赛道建 2017、2013，闫理钦 1999，冯质鲁 1996，纪加义 1987a，济宁站 1985。

▶ 海番鸭属 *Melanitta*

黑海番鸭 [1]　Black Scoter
Melanitta americana（Swainson）

同种异名： 美洲黑凫；Common Scoter；*Melanitta nigra*（Linnaeus），*Melanitta nigra americana*（Swainson）

形态特征： 大型矮胖型黑色鸭。嘴基有大块黄色肉瘤。通体全黑色，上体微具光泽。翼下覆羽黑褐色和银灰色。尾黑色，长而尖。雌鸟头顶和后颈黑色，脸和前颈皮灰黄色，头侧、颈侧、颏和喉灰白色，颈侧缀淡褐色细小斑点；上体暗灰褐色，具灰白色端斑。胸、胁具灰白色端斑。胸和腹淡灰褐色，腹灰白色斑纹少而不明显。腋羽、肛周及尾下覆羽暗褐色；翼下覆羽暗灰褐色，具灰白色狭缘。飞行时，两翼近黑色，翼下羽深色。

生态习性： 繁殖期栖息于北极苔原带的湖泊、水塘与河流。非繁殖期在沿海、海湾等水域。性成群游泳，潜水觅食水生昆虫、甲壳类、软体动物等小型水生动物和水生植物。每窝产卵 6～10 枚，雌鸟孵卵，孵化期 27～28 天。雏鸟通常 2 龄时性成熟。本地虽有分布标本记录，但未能查到标本、照片实证。

分布：●（P）济宁，（P）南四湖；微山县 - ●（纪加义 19841202）鲁桥，（P）昭阳湖。

东营；鲁西南平原湖区，（P）山东。

黑龙江，江苏，上海，重庆，福建，广东，香港。
区系分布与居留类型：［古］（P）。
物种保护： Ⅲ，Lc/IUCN。
参考文献： H111，M108，Zja114；Q42，Qm179，Z70/64，Zx29，Zgm31/29。

记录文献： 朱曦 2008；赛道建 2017、2013，冯质鲁 1996，纪加义 1987a、1986，济宁站 1985。

▶ 鹊鸭属 *Bucephala*

鹊鸭指名亚种　Common Goldeneye
Bucephala clangula clangula（Linnaeus）

同种异名： 喜鹊鸭子，金眼鸭，白脸鸭，白颊鸭；Goldeneye；*Anas clangula* Linnaeus，1758

_____

[1] 纪加义等（1986）记为济宁发现的山东及济宁鸟类新记录，但未能查到标本及保存信息，也未能征集到照片。

形态特征: 中型鸭类。嘴短粗,黑色。头、上颈黑色具紫蓝色光泽,颊、嘴基两侧各有一大型白色圆斑。颈短,下颈、背、肩羽、腰、尾上覆羽和尾黑色。外侧肩羽白色,外翈羽缘黑色形成黑纹。翅黑褐色,次级飞羽和中覆羽白色,具黑色端斑大覆羽的白色形成大块白斑。下颈、胸、腹及胁白色,近腰处杂黑色条纹。肛周灰褐色杂白色点。尾下覆羽灰色至黑褐色。跗蹠黄色,蹼黑色,爪褐色。雌鸟略小,头颈褐色、颈基有白环、上体羽缘白色,胸胁灰色。

鹊鸭(19841125 采于南阳湖,张保元提供,张月侠 20160210 摄于微山湖)

生态习性: 繁殖期栖息于平原森林地带中的溪流、水塘,非繁殖期常成群活动于湖泊、河口、海湾。性机警,游泳时尾跷起,善潜水觅食各种水生动物。繁殖期 5～7 月,每窝产卵 8～12 枚,雌鸭孵卵,2 龄时性成熟。

分布:(W)南四湖;微山县 - 微山湖(张月侠 20160210),●(19841125)南阳湖。

滨州,(W)◎东营,(P)菏泽,(W)◎济南、青岛,◎泰安,◎威海,◎烟台;胶东半岛、鲁中山地、鲁西北平原、鲁西南平原湖区。

除海南外,各省(自治区、直辖市)可见。

区系分布与居留类型:[古](W)。

物种保护: Ⅲ,无危 /CSRL,中日,Lc/IUCN。

参考文献: H115、M110、Zja118;La186、Q44、Qm180、Z72/66、Zx30、Zgm32/29。

记录文献: 朱曦 2008;赛道建 2017、2013,闫理钦 1999,冯质鲁 1996,纪加义 1987b,济宁站 1985。

▶ **秋沙鸭属 *Mergus***

斑头秋沙鸭　Smew
***Mergellus albellus*(Linnaeus)**

同种异名: 白秋沙鸭,小秋沙鸭,川秋沙鸭,鸂鶒

(wufu),小鱼鸭,鱼钻子;—;—

形态特征: 小型黑白色秋沙鸭。嘴铅灰色。头颈白色,眼周和眼先黑色在眼区形成一黑斑。枕部两侧黑色、中央白色,羽延长形成羽冠。背中央黑色,上背前部白色、黑色端斑形成两条半圆形黑色狭带伸到胸侧;背两侧白色。体侧有一黑色纵线,胸侧有两条黑色斜线;肩前部白色、后部暗褐色,翅灰黑色。下体白色,胁具灰褐色波浪状细纹。腰部尾上覆羽灰褐色,尾羽银灰色。跗蹠铅灰色。雄鸟冬羽似雌鸟,眼先黑色部分较窄而明显。雌鸟头颈栗褐色,喉白色,上体黑褐色,翼斑与下体白色。幼雏绒羽有明显花纹。

斑头秋沙鸭(19831201 采于南阳湖,张保元提供,宋泽远 20140129 摄于太白湖)

生态习性: 繁殖季节栖息于森林附近的湖泊、河流等水域中,非繁殖期栖息于湖泊、河口、沿海沼泽地带。善潜水,游泳时颈伸直,或边游泳边潜水觅食,杂食性。繁殖期 5～7 月,每窝产卵 6～10 枚,雌鸟孵卵,孵化期 26～28 天。

分布: ●(PW)◎济宁,(W)南四湖(楚贵元 20090128);任城区 - 太白湖(20160224、20181204,宋泽远 20140129,张月侠 20180123);微山县 -●(1958 济宁一中,19831201 济宁站,195911 山东师大)南阳湖,●(1958 济宁一中)微山湖(20151208,张月侠 20161210、20170101、20171217),●(19850904)夏镇。

滨州,(P)◎东营,(W)◎济南、◎莱芜,(W)◎聊城,◎日照,泰安,(W)◎威海、◎淄博;胶东半岛、鲁西北平原、鲁西南平原湖区。

除海南外,各省(自治区、直辖市)可见。

区系分布与居留类型:[古](W)。

物种保护: Ⅲ,无危 /CSRL,中日,Lc/IUCN。

参考文献: H117、M111、Zja119;La189、Q46、Qm180、Z73/68、Zx31、Zgm32/29。

记录文献： 朱曦 2008；赛道建 2017、2013，闫理钦 1999，冯质鲁 1996，纪加义 1987b，济宁站 1985。

同种异名： 川秋沙；Goosander；*Mergus orientalis* Gould，*Mergus castor* Linnaeus

形态特征： 个体最大的秋沙鸭。嘴暗褐色。头颈黑褐色、具绿色金属光泽，羽冠厚而短、黑褐色，使头颈显得粗大。背黑色。大覆羽和中覆羽白色，形成大型白色翼镜。下颈、胸以及整个下体和体侧到尾下覆羽白色。腰和尾上覆羽灰色。尾羽灰褐色。跗蹠红色。雌鸟头颈棕红色，上体灰褐色，喉、下体和翼镜白色。幼鸟似雌鸟，喉白色延伸至胸部，绒羽有明显花纹。

普通秋沙鸭（赛道建 20181204 摄于太白湖，张月侠 20151209 摄于太白湖）

生态习性： 繁殖期栖息于森林附近湖泊和河口地区，非繁殖期栖息于大型湖泊及沿海潮间地带。游泳时头颈伸直，边游泳边频频潜水觅食；主要捕食小鱼及水生无脊椎动物。繁殖期 5～7 月，每窝产卵 8～13 枚，雌鸟孵卵，孵化期 32～35 天。早成雏。

分布： ●◎济宁，●南四湖；任城区-太白湖（20151209、20160224、20170309、20171215、20181204，张月侠 20151209、20171215、20180123）；微山县-白鹭湖（20180126），（W）●（1958 济宁一中，195911 山东师大）南阳湖，●（1958 济宁一中）微山湖（20151208，张月侠 20170101、20171217）。

滨州，◎德州，（P）◎东营，（P）菏泽，（W）◎济南，（W）聊城，◎莱芜，◎青岛，◎日照，泰安，◎威海，◎烟台；胶东半岛，鲁中山地，鲁西北

平原，鲁西南平原湖区，（P）山东。

除青海、西藏、香港、海南外，各省（自治区、直辖市）可见。

区系分布与居留类型：〔古〕（W）。
物种保护： Ⅲ，无危 /CSRL，中日，Lc/IUCN。
参考文献： H120，M114，Zja122；La191，Q46，Qm180，Z75/70，Zx30，Zgm30。
记录文献： 朱曦 2008；赛道建 2017、2013，张月侠 2015，宋印刚 1998，冯质鲁 1996，纪加义 1987b，济宁站 1985。

同种异名： 海秋沙；—；—

形态特征： 大型秋沙鸭。嘴峰、嘴甲黑色。头黑色具绿色金属光泽，丝质冠羽长而尖、黑色。上体黑色，上颈具白色宽颈环，下颈、胸锈红色杂黑褐色斑纹。下体、体侧白色，体侧具斜行横斑，胁部、体侧具蠕虫状细波状纹，下颈和胸棕红色。跗蹠红色。非繁殖期色暗而呈褐色，近红色头部渐变成颈部灰白色。雌鸟头棕褐色、颈灰褐色、上体灰褐色。它与中华秋沙鸭的区别是胸部棕色、条纹色深；与普通秋沙鸭的区别是胸色深而冠羽更长。幼鸟似雌鸟。胸和下体中部多灰褐色，白色少。

红胸秋沙鸭（成素博 20130316 摄于日照市付瞳河；孙劲松 20101116 摄于东营市孤岛南大坝）

生态习性： 繁殖期栖息于森林区的河流、湖泊，或无林苔原地带水域，非繁殖期栖息在海边、湖泊及浅水海湾等处。漂浮在水面头颈伸直，边游边潜水觅食，捕食水生动物及少量植物性饵料。繁殖期 5～

[*1] 纪加义等（1986）记为济宁发现的济宁鸟类新记录，无标本保存处，近年来也未能征集到照片。

8 鸨形目 Otidiformes

8.1 鸨科 Otididae

▶ 鸨属 Otis

大鸨普通亚种　**Great Bustard**
Otis tarda dybowskii（**Taczanowski**）

同种异名：地鵏（bū），老鸨，独豹，鸡鵏，野雁，石鸨（♀）；—；—

　　形态特征：大型地栖草原鸟类，翅长超过400mm。嘴短，铅灰色，端部黑色头长，基部宽大于高；嘴基到枕部有黑褐色中央纵纹，无冠羽或皱领。颏和上喉灰白色沾淡锈色，颏、喉、嘴角有向两侧伸出的细长白色须状纤羽，须状纤羽上有少量羽瓣。后颈基部栗棕色，上体栗棕色满布黑色粗横斑和虫蠹状细横斑。下体灰棕白色，有黑色宽横斑，前胸两侧具

大鸨（1958 采于两城）

宽阔栗棕色横带。中央尾羽栗棕色，先端白色具稀疏黑色横斑。腿和趾灰褐色或绿褐色，爪黑色，跗蹠等于 1/4 翅长。非繁殖期须状羽较短，颏下须状羽消失，前胸栗色横带不明显。雌鸟羽色似雄鸟而体型较小，喉侧无须状羽。幼鸟似雌鸟，但颜色较淡，头、颈有较多皮黄色，翅白色部分多有黑色斑纹，大覆羽有棕色斑点。

　　生态习性：栖息于开阔的平原、草原和半荒漠地区，常在农田、河漫滩、草洲、人烟稀少麦田活动。性机警，群体活动，同一社群中雌群和雄群相隔一定的距离。觅食时头后部抬起，嘴尖向下，杂食性。每年产 1 窝卵，每窝卵 2～4 枚，孵化期 31～32 天。雏鸟为早成雏。

　　分布：●（W）济宁，（W）南四湖；微山县 - ●（1958 济宁一中）两城，●（1958 济宁一中）微山湖。

　　滨州，◎德州，（P）●◎东营，（WP）菏泽，（W）青岛，（W）泰安，潍坊，●烟台；胶东半岛，鲁中山地，鲁西北平原，鲁西南平原湖区。

　　黑龙江，吉林，辽宁，内蒙古，河北，北京，天津，山西，河南，陕西，宁夏，甘肃，青海，安徽，江苏，上海，江西，湖北，四川，贵州。

　　区系分布与居留类型：［古］（WP）。

　　物种保护：Ⅰ，易危 /CSRL，R/CRDB，2/CITES，Vu/IUCN。

　　参考文献：H273，M295，Zja281；Q114，Qm224，Z195/182，Zx56，Zgm55/75。

　　记录文献：郑作新 1987、1976；赛道建 2017、2013，纪加义 1987B，1987b，济宁站 1985。

9 鹤形目 Gruiformes

头顶被羽，后趾与前趾平置 ··· 秧鸡科 Rallidae
头上有裸露部分，后趾位置较前趾高 ··· 鹤科 Gruidae

9.1 秧鸡科 Rallidae

秧鸡科分属、种检索表

1. 嘴峰长度等于或长于跗蹠，喙较细；背上无白斑 ··············· 秧鸡属 Rallus，普通秧鸡 R. indicus
   嘴峰长度远短于跗蹠 ··· 2
2. 头无额甲 ··· 3
   头有额甲 ··· 6
3. 上嘴基隆起 ················· 苦恶鸟属 Amaurornis，白胸苦恶鸟 A. phoenicurus
   上喙基部不隆起，头侧、颈侧具斑纹，次级飞羽端部白色 ··············· 4 田鸡属 Zapornia
4. 初级飞羽第Ⅱ枚最长、第Ⅰ枚外缘白色，翅长<94mm，胸部无白色斑点 ··············· 小田鸡 Z. pusilla
   初级飞羽第Ⅲ枚最长，胸棕栗色 ··· 5
5. 喉白色，翼上覆羽有白色细纹 ··················· 斑胁田鸡 Z. paykullii
   喉淡色，翼上覆羽无白色细纹 ····················· 红胸田鸡 Z. fusca
6. 趾具瓣蹼，通体灰黑色，额甲发达而后端钝圆、白色 ··············· 骨顶属 Fulica，白骨顶 F. atra
   趾无瓣蹼，通体非纯灰黑色，额甲发达而后端钝圆、红色 ··············· 7
7. 额甲后端圆钝，趾有侧膜缘，两性羽色相同 ··············· 水鸡属 Gallinula，黑水鸡 G. chloropus
   额甲后端突出，趾无侧膜缘，两性羽色不同 ··············· 董鸡属 Gallicrex，董鸡 G. cinerea

▶ 秧鸡属 Rallus

普通秧鸡 [1] Brown-cheeked Rail
Rallus indicus（Blyth）

同种异名：秧鸡；European Water Rail；Rallus aquaticus Linnaeus，Rallus aquaticus indicus Blyth

形态特征：中型涉禽，暗深色秧鸡。嘴近红色而嘴峰角褐色、先端灰绿色，长直而侧扁稍弯曲。眉纹浅灰色，贯眼纹暗褐色。额羽较硬，额、头顶至后颈黑褐色，羽缘橄榄褐色，脸灰色；颏白色。上体多纵纹，背、肩、腰、尾上覆羽橄榄褐色，缀黑色纵纹。颈及胸灰色，两胁和腿下覆羽黑褐色具白色横斑；腹中央灰黑色具淡褐色的羽端斑纹。尾羽短而圆。脚肉褐色，趾细长，跗蹠短于中趾或中趾连爪的长度。雌鸟体羽颜色较暗，颏、喉白色，头侧和颈侧的灰色面积较小。亚成鸟翼上覆羽具不明晰白色斑。幼鸟上体色较暗，头和下体皮黄色或白色，有褐色至黑色条纹。两胁皮黄色具暗褐色至黑色条纹。尾下覆羽皮黄色。

生态习性：栖息开阔平原、低山丘陵和山脚平原

普通秧鸡（马士胜 20141110 摄于泗河曲阜段）

地带等湿地环境中。白天匿藏，夜间或晨昏到开阔水边泥地觅食活动，边游泳边取食水面和水中食物，杂食性。繁殖期为5～7月，雌雄亲鸟轮流孵卵，孵化期19～20天。

分布：（P）● ◎ 济宁，南四湖（楚贵元 2012 0407）；曲阜 - 泗河（马士胜 20141110）；微山县 -（P）南阳湖，（P）微山湖。

◎德州，◎东营，（P）菏泽，青岛，◎泰安，◎烟台；胶东半岛，鲁西南平原湖区。

除海南、新疆、西藏外，各省（自治区、直辖市）可见。

区系分布与居留类型：［古］（P）。

---

[1] 纪加义等（1986）记为济宁发现的济宁鸟类新记录，但无标本信息。

物种保护： Ⅲ，无危 /CSRL，日。

参考文献： H253，M310，Zja261；La558，Q106，Qm227，Z180/169，Zx53，Zgm57/72。

记录文献： 朱曦 2008；赛道建 2017、2013，纪加义 1987b、1986，济宁站 1985。

▶ 田鸡属 *Porzana*

小田鸡指名亚种[*1] **Baillon's Crake**
Zapornia pusilla pusilla（Pallas）

同种异名： 小秧鸡，田鸡子；—；*Porzana pusilla*（Pallas）

形态特征： 小型涉禽，灰褐色田鸡。嘴短，嘴角绿色，嘴峰、端部色深。眉纹蓝灰色，贯眼纹棕褐色。颏、喉棕灰色。头顶、枕、后颈橄榄褐色，具黑色中央纵纹，后颈条纹不清晰。上体橄榄褐色或棕褐色，具黑白色纵纹，肩羽、背、腰、尾上覆羽和内侧翅覆羽具白色斑点。颊、颈侧和胸蓝灰色，胸羽羽端沾棕色。腹、两肋和尾下覆羽黑褐色具白色细横斑纹。尾羽黑褐色，羽缘棕褐色；尾下覆羽有黑白两色横斑纹。腿和脚绿色，爪角褐色。雌鸟色暗，耳羽褐色，喉白色，下体羽色较淡。幼鸟颏白色，上体具圆圈状白点斑。

小田鸡（19840929 采于鲁桥）

生态习性： 栖息于中低山地森林、平原草地、河流湖泊、沼泽芦苇荡和稻田等湿地生境。常单独奔跑穿行，在浅水中探食、捕捉食物，杂食性。繁殖期为 5～6 月，每窝产卵 6～9 枚，孵卵以雌鸟为主，孵化期 19～21 天。雏鸟为早成雏。

分布： 济宁，南四湖；微山县 - 微山湖，●（1984 0921）鲁桥。

●滨州，（P）◎东营，（P）菏泽，●青岛，（W）日照，（PS）●泰安，烟台，淄博；胶东半岛，鲁中

山地，鲁西北平原，鲁西南平原湖区。

除海南、西藏外，各省（自治区、直辖市）可见。

区系分布与居留类型：［广］（SP）。

物种保护： Ⅲ，无危 /CSRL，中日，Lc/IUCN。

参考文献： H261，M316，Zja268；La567，Q108，Qm228，Z184/173，Zx54，Zgm59/73。

记录文献： 朱曦 2008；赛道建 2017、2013，李久恩 2012，纪加义 1987b、1986。

红胸田鸡普通亚种[*2] **Ruddy-breasted Crake**
Zapornia fusca erythrothrorax
（**Temminck** *et* **Schlegel**）

同种异名： 绯红秧鸡；—；*Gallinula erythrothorax* Temminck et Schlegel，1849，*Porzana phaeopyga* Stejneger，1887，*Porzana fusca*（Linnaeus）

形态特征： 小型涉禽，红褐色田鸡。嘴粗短、暗褐色，下嘴基部带紫色。额、头顶、头侧栗红色。颏、喉白色，沾棕红色，随年龄增长栗色增多。上体枕、背至尾上覆羽深褐色或暗橄榄褐色。胸和上腹红栗色，下腹灰褐色具白色横斑和点斑，两肋暗橄榄灰褐色，不具白色横斑或具不明显白色横斑；腋羽暗褐色具白色羽端。尾羽暗褐色，尾下覆羽黑褐色具白色横斑纹。跗蹠短于中趾、爪的长度；脚红色。雌鸟似雄鸟，胸部栗红色较淡，喉白色。幼鸟上体较成鸟色深，头侧、胸和上腹栗红色，染灰白色，下腹和两肋淡灰褐色，微具稀疏白色点斑，腿和脚橘红色，爪褐色。雏鸟绒羽亮黑色，上体比成鸟褐色较深，两肋、下腹具白色斑点，体色随日龄增长而变褐色。

红胸田鸡（董宪法 20190629 摄于太白湖）

[*1]　纪加义等（1986）记为济宁发现的济宁鸟类新记录。

[*2]　纪加义等（1986）记为济宁发现的济宁鸟类新记录，但无标本信息，近年来也未能征集到照片，但工作结束后，20190629，董宪法发来照片，确证其有分布的现状。

生态习性：栖息于湖滨与河岸草灌丛、水塘、水稻田和沿海滩涂、林缘与沼泽地带。性胆小，善奔跑藏匿，飞行时两脚悬垂于腹下，善游泳。常在黎明、黄昏和夜间在隐蔽处、芦苇边觅食，杂食性。繁殖期3～7月，每窝产卵5～9枚，亲鸟轮流孵卵，本地记录无标本实证，依董宪法（20190629）拍到照片确认其分布现状。

分布：（S）济宁；任城区-太白湖（董宪法20190629）；微山县-（S）南阳湖。

◎东营，（S）菏泽，（S）济南，◎日照，（S）● 泰安，（S）潍坊，◎烟台，淄博；胶东半岛，鲁中山地，鲁西南平原湖区。

除宁夏、青海、新疆、云南、西藏、台湾外，各省（自治区、直辖市）可见。

区系分布与居留类型：［广］（S）。

物种保护：Ⅲ，无危/CSRL，中日，Lc/IUCN。

参考文献：H263，M318，Zja270；La571，Q110，Qm229，Z186/173，Zx54，Zgm59/7。

记录文献：朱曦2008；赛道建2017、2013，纪加义1987b、1986，济宁站1985。

斑胁田鸡　Band-bellied Crake *Zapornia paykullii*（Ljungh）

同种异名：斑胸田鸡，斑胁鸡，红胸斑秧鸡，栗胸田鸡；Chestunt-breasted Crake；*Porzana porzana*（Linnaeus），*Rallina paykullii*（Ljungh）

形态特征：小型涉禽。嘴粗短、蓝灰色；嘴峰和端部黑色，基部黄绿色。额锈棕色；颏、喉几近白色。头侧、颈侧锈棕色。头顶、颈、背、腰至尾上覆羽橄榄褐色。胸锈棕色，腹、两胁和腋羽暗褐色有白色粗横纹，呈黑白相间横斑纹状。尾羽暗褐色，羽缘橄榄褐色；尾下覆羽暗褐色有白横斑。腿和脚橙红色。幼鸟与成鸟相比，上体色较暗，翅覆羽白色斑较

斑胁田鸡（刘兆瑞20120524 摄于泰安市洋河）

多。颊、颈和胸皮黄色，胸部条纹不明显。

生态习性：栖息于低山丘陵和草原地带的湖泊、溪流、水塘岸边、林缘灌丛沼泽地带。晚上活动，白天藏匿，善行走、奔跑，飞行时，两脚悬垂下。主要捕食昆虫及幼虫，软体动物等小型无脊椎动物。繁殖期5～7月，每窝产卵6～9枚，雌雄亲鸟轮流孵卵。本地虽有分布记录，但无标本、照片实证。

分布：（S）济宁，（S）南四湖。

◎东营，青岛，（P）◎泰安，（P）烟台；（P）胶东半岛，（P）鲁中山地，鲁西南平原湖区。

除山西、陕西、宁夏、甘肃、青海、新疆、西藏、海南外，各省（自治区、直辖市）可见。

区系分布与居留类型：［古］（SP）。

物种保护：Ⅲ，无危/CSRL，2/CITES，Nt/IUCN。

参考文献：H257，M319，Zja269；La569，Q110，Qm229，Z187/174，Zx54，Zgm59/74。

记录文献：—；赛道建2017、2013，纪加义1987b，济宁站1985。

▶ 苦恶鸟属 *Amaurornis*

白胸苦恶鸟指名亚种　White-breasted Waterhen *Amaurornis phoenicurus phoenicurus*（Pennant）

同种异名：白胸秧鸡，白面鸡，白腹秧鸡；—；*Gallinula phoenicurus* Pennant，1769，*Fulica chinensis* Boddaert，1783

形态特征：中型涉禽，两性相似，雌鸟稍小。嘴黄绿色，上嘴基部橙红色；嘴基稍隆起但不形成额甲。上体暗石板灰色，两颊、喉以至胸、腹白色，上、下体形成黑白分明的对照。头顶、枕、后颈、背和肩暗石板灰色，沾橄榄褐色并微着绿色光辉。翅短圆，两

白胸苦恶鸟（赵迈20150902 摄于鱼种场）

翅和尾羽橄榄褐色。额、眼先、两颊、颏、喉、前颈、胸至上腹中央白色，下腹中央白色稍沾红褐色，下腹两侧、肛周和尾下覆羽红棕色。腿、脚黄褐色；跗骨较中趾（连爪）为短。幼鸟面部有模糊灰色羽尖，上体橄榄褐色。雏鸟绒羽、嘴及腿均为黑色。

生态习性： 栖息于芦苇杂草沼泽地和有灌木的高草丛、河流、湖泊、灌渠附近。性机警，白天常藏于芦苇丛或草丛中，多在晨昏和夜间单独、小群活动。杂食性。繁殖期4～7月，每窝产卵4～10枚，雌雄鸟轮流孵卵。雌雄亲鸟喂养和照顾幼鸟并带领其活动。

分布： ◎济宁，南四湖（楚贵元20130407）；微山县 - ●（19831103）鲁桥，微山湖（徐炳书20110525、20110611、20110731），鱼种场（赵迈20150902），昭阳村（楚贵元20100403）；鱼台县 - 夏家（张月侠20180621）

◎东营，◎莱芜，●青岛，◎日照，◎泰安，◎潍坊，◎烟台；（S）胶东半岛，全省。

除内蒙古、新疆外，各省（自治区、直辖市）可见。

区系分布与居留类型：［东］（S）。

物种保护： Ⅲ，无危 /CSRL，Lc/IUCN。

参考文献： H267，M313，Zja275；La561，Q112，Qm228，Z190/177，Zx53，Zgm60/72。

记录文献： —；赛道建2017、2013，李久恩2012，纪加义1987b。

▶ **董鸡属** *Gallicrex*

董鸡　Watercock
Gallicrex cinerea（Gmelin）

同种异名： 凫翁，鹤秧鸡，鱼冻鸟；Kora；*Gallicrex cinerea cinerea*（Gmelin）

形态特征： 中型涉禽。嘴黄绿色，额甲红色。前额长形红色额甲向后上方一直伸到头顶，末端游离呈尖形。全体灰黑色，下体色较浅。头、颈、上背灰黑色，头侧、后颈色浅淡；下背、肩、翼上覆羽、三级飞羽黑褐色，向后渐显褐色，各羽宽阔灰色至棕黄色羽缘形成宽羽斑纹；翼下覆羽和腋羽黑褐色、羽端灰白色。下体灰黑色、羽端苍白色形成狭小弧状纹，腹部中央色较浅，满布苍白色横斑纹。尾羽黑褐色、羽缘色浅淡，尾下覆羽棕黄色、具黑褐色横斑。脚和趾黄绿色。冬羽与雌鸟相似。雌鸟体较小，额甲黄褐色、较小而不向上突起。幼鸟似成鸟。头侧淡棕色杂黑羽，颏、喉白色杂灰黑色羽。

生态习性： 栖息于稻田、池塘、芦苇沼泽富有水

董鸡（19840204 采于鲁桥）

生植物的浅水区域。4月末至5月迁来、10～11月迁离繁殖地。性机警，晨昏常单独或成对活动。善涉水和游泳，行走时尾翘起，头前后点动，在浅水中涉水取食，杂食性。繁殖期5～9月，每窝产卵3～8枚。早成雏。

分布： 济宁，南四湖；微山县 - ●（19840204、19840705）鲁桥。

●滨州，（S）◎东营，（P）◎菏泽，●济南，（S）临沂，青岛，◎日照，（S）●泰安，（S）威海，淄博；胶东半岛，鲁中山地，鲁西北平原，鲁西南平原湖区。

除黑龙江、宁夏、青海、新疆、西藏外，各省（自治区、直辖市）可见。

区系分布与居留类型：［东］（S）。

物种保护： Ⅲ，无危 /CSRL，中日，Lc/IUCN。

参考文献： H268，M321，Zja276；La579，Q112，Qm229，Z191/178，Zx55，Zgm60/74。

记录文献： —；赛道建2017、2013，闫理钦1998a，宋印刚1998，纪加义1987b，济宁站1985。

▶ **水鸡属** *Gallinula*

黑水鸡普通亚种　Common Moorhen
Gallinula chloropus chloropus（Linnaeus）

同种异名： 红骨顶，红冠水鸡，鷭（fán），江鸡，章鸡；Moorhen，Common Gallinule；*Fulica chloropus* Linnaeus，1758

形态特征： 中型黑白色涉禽。嘴长度适中，黄色，嘴基与额甲红色，下嘴基部黄色，鼻孔狭长。头具鲜艳红色额甲，后缘钝圆。通体黑褐色。下体灰黑色向后颜色渐浅，羽端微缀白色；下腹白色羽端形成

黑水鸡（陈保成 20090110 摄于昭阳湖，徐炳书 20120825 摄于微山湖）

黑白相杂块斑；两胁具宽阔白色纵纹，翼下覆羽和腋羽暗褐色，羽端白色。尾下覆羽两侧白色，中间黑色，黑白分明、醒目。脚黄绿色，胫裸出部前方和两侧橙红色，后面暗红褐色，上部具宽阔红色醒目环带；趾长，约与跗蹠等长，具狭窄直缘膜或蹼。幼鸟头侧、颈侧棕黄色，颏、喉灰白色。上体棕褐色。飞羽黑褐色。前胸棕褐色，后胸及腹灰白色。刚孵出的雏鸟通体被有黑色绒羽，嘴尖白色，其后到额甲为红色。

生态习性： 栖息于富有芦苇和挺水植物的湖泊、苇塘，以及林缘、路边沼泽地带的各类淡水湿地。常成对或小群活动，善游泳、潜水于近芦苇和水草的开阔水面上。主要采食水生植物及水生昆虫、蠕虫、蜘蛛、软体动物、蜗牛等，以动物性食物为主。繁殖期4～7月，通常每窝产卵6～10枚，雌雄亲鸟轮流孵卵，孵化期19～22天。早成雏。

分布： ●S◎济宁，●（S）南四湖（陈保成20090827、楚贵元20080609）；任城区-太白湖（20150807、20151209、20160224、20160411、20160723、20161003、20170911、20180326，宋泽远20140129、张月侠20150501、20150502、20170429、20180618、王利宾20140719、王秀璞20160224、20160411、吕艳20180817、杜文东20180616、20180805），洸府河（20171215），南阳湖农场（20180326）；曲阜-沂河（20140803、20141220）；微山县-爱湖村（20160725、张月侠20160502、20160609、20170402、20170430），二级坝（20160415），高楼湿地（20151208、20170908、20180324、张月侠20170402、20170430），欢城下辛庄（张月侠20161208、20170401、20170430、20180619），湖东大堤内滩（20170305），●（19840814）鲁桥，●（1958济宁一中）两城，枣林（20170307），马口（20170303），蟠龙

河（20170304，吕艳20180815），沙堤村郭河（20170303），泗河零界点（20170613，张月侠20170613），微山湖国家湿地公园（20151208、20170307，张月侠20170501、20180125，李阳20160127、20160320），●（1958济宁一中）微山湖（徐炳书20090906、20110523、20120825，吕艳20180816），袁洼（张月侠20150620、20170613），尹家河（张月侠20151207），昭阳湖（20170306、20170805，沈波20110523，楚贵元20130903，陈保成20080608、20090110），徐庄湖上庄园（20170614），吴村渡口（张月侠20180618）；兖州-河南村汉马河（20161207），兴隆煤矿塌陷区（20161208）；鱼台县-王鲁（张月侠20150618、20170502），惠河（20170612），西支河（20170611），夏家（张月侠20150620、20170429、20170502、20180621）；冯洼（张月侠20180621）；邹城-（S）西苇水库。

滨州，◎德州，（S）◎东营，（S）◎菏泽，（SW）●◎济南，（S）◎聊城，（S）◎临沂，◎莱芜，◎青岛，◎日照，（S）●◎泰安，◎潍坊，（SW）◎威海，◎烟台，◎枣庄，◎淄博；胶东半岛，鲁中山地，鲁西北平原，鲁西南平原湖区。

各省（自治区、直辖市）可见。

区系分布与居留类型：［广］R（RS）。

物种保护： Ⅲ，无危/CSRL，中日，Lc/IUCN。

参考文献： H269，M323，Zja277；La583，Q112，Qm230，Z192/179，Zx55，Zgm61/75。

记录文献： 张乔勇2017，朱曦2008；赛道建2017、2013，孙太福2017，张月侠2015，李久恩2012，闫理钦1998a，纪加义1987b，济宁站1985。

▶ **骨顶属 *Fulica***

白骨顶指名亚种　Common Coot
Fulica atra atra（Linnaeus）

同种异名： 骨顶鸡，白冠鸡，水骨顶；Black Coot，Eurasian Coot，Coot；—

形态特征： 中型游禽，嘴、额甲白色而醒目。嘴端灰色、基部淡肉红色，长度适中，高而侧扁。头小，具白色额甲，端部钝圆。颈短而适中。通体灰黑色或暗灰黑色。上体有条纹，翅宽、短圆。下体浅石板灰黑色，胸、腹中央羽色较浅，羽端苍白色。尾下覆羽黑色，尾短，方尾或圆尾。腿、脚橄榄绿色，爪黑褐色；腿、趾均细长，有后趾，跗蹠短于中趾，趾间具宽而分离的瓣蹼。雌鸟额甲较小。幼鸟头侧、颏、喉及前颈灰白色杂黑色小斑点，头顶黑褐色杂白

白骨顶（孔令强 20151208 摄于微山湖，葛强 20160311 摄于魏庄）

色细纹，上体余部黑色稍沾棕褐色。刚出壳时全身被有黑色绒羽，头部具橘黄色绒羽，头顶及眼后有稀疏毛状纤羽，上眼眶呈淡紫蓝色，跗蹠黑色，嘴和额红色。

生态习性： 栖息于低山丘陵、平原草地的各类水域和沼泽地带。除繁殖期外，常成群活动。在软土中或枯叶中探食，也频繁潜水捕食，杂食性。繁殖期 5～7 月，每窝产卵 5～10 枚，每年可产 1～2 窝，雌雄鸟轮流孵卵，孵卵期 14～24 天。早成雏。

分布： ●◎济宁，●南四湖；任城区 - 太白湖（20151209、20160223、20160411、20160723、20170309，宋泽远 20140726，张月侠 20161207、20180123，王利宾 20160203，王秀璞 20151209），洸府河（20171215）；梁山县 - 魏庄（葛强 20160311）；微山县 - ●（1958 济宁一中）两城，微山湖（孔令强 20151208，张月侠 20151208、20161210、20170101），●（19921128 山东师大）独山湖（20151209，张月侠 20151209），●（19830908）鲁桥，●（1958 济宁一中）微山岛（20151208）。

滨州，◎德州，（P）◎东营，（P）●◎菏泽，（P）◎济南，（P）◎聊城，◎莱芜，●◎青岛，◎日照，（S）●◎泰安，（PW）◎威海，▲◎烟台，◎淄博；胶东半岛，鲁中山地，鲁西北平原，鲁西南平原湖区。

各省（自治区、直辖市）可见。

区系分布与居留类型：［广］R（SWP）。

物种保护： Ⅲ，无危 /CSRL，Lc/IUCN。

参考文献： H271，M324，Zja279；La589，Q114，Qm230，Z193/180，Zx56，Zgm61/75。

记录文献： 张乔勇 2017；赛道建 2017、2013，张月侠 2015，李久恩 2012，宋印刚 1998，闫理钦 1998a，纪加义 1987b。

9.2 鹤科 Gruidae（Cranes）

鹤科鹤属分种检索表

1. 头侧和颈侧裸出呈红色，耳区有一丛灰色羽，颈侧被羽 ···白枕鹤 *G. vipio*
   头侧和颈侧披羽 ··· 2
2. 体羽全白色，颈侧纯白色无黑色纹 ·······································白鹤 *Grus leucogeranus*
   体羽多灰色 ··· 3
3. 头及后颈上部近黑色；喉灰色；眼后有白色宽阔带斑，延伸至颈侧 ············灰鹤 *G. grus*
   头、喉及后颈上部均白色；额、眼先及头顶均黑色 ·······················白头鹤 *G. monacha*

▶ **鹤属 *Grus***

白鹤 Siberian Crane
Grus leucogeranus（Pallas）

同种异名： 修女鹤，雪鹤，西伯利亚鹤，黑袖鹤；Greate White Crane；—

形态特征： 大型涉禽，体大白色鹤。嘴暗红色。头顶、脸裸露无羽、鲜红色。初级飞羽黑色，次级飞羽和三级飞羽白色，三级飞羽延长呈镰刀状盖于尾上，盖住黑色初级飞羽，故站立时通体白色。幼鸟嘴暗红色，3 龄嘴变为红色。头被羽，上体赤褐色。肩石板灰色，基部色淡、羽缘桂红褐色。初级飞羽黑

白鹤（徐炳书 20100404 摄于微山湖）

色。下背、腰和尾上覆羽亮赤褐色，具白色羽缘。下体、两胁白色缀赤褐色。中央尾羽石板灰色，基部白色、羽端赤褐色。脚暗红色，2龄变红色。

生态习性： 栖息于开阔平原沼泽草地、苔原沼泽和大型湖泊及沼泽地带。单独、成家族群活动，迁徙、越冬期集成大群。性机警。在浅水处边走边觅食植物、软体动物、昆虫、甲壳动物、鱼、蛙。单配制，每窝产卵2枚，雌雄鸟交替孵卵，孵化期约27天。

分布： 济宁，微山县 - 微山湖（徐炳书 2010 0404）。

滨州，（P）◎东营，青岛，烟台；胶东半岛，鲁中山地。

黑龙江，吉林，辽宁，内蒙古，河北，天津，河南，青海，新疆，安徽，江苏，上海，浙江，江西，湖南，湖北，云南。

区系分布与居留类型： ［古］（P）。

物种保护： Ⅰ，E /CRDB，1/CITES，Ce/IUCN。

参考文献： H251，M297，Zja258；Q104，Qm231，Z178/165，Zx50，Zgm61/69。

记录文献： —；赛道建 2017、2013，纪加义 1990、1987Bb。

白枕鹤　White-naped Crane
Grus vipio（Pallas）

同种异名： 红面鹤，白顶鹤，土鹤；Japanese Crane；*Grus leucauchen* Temminck，1838

形态特征： 大型涉禽，高大灰白色鹤。嘴黄绿色。眼先、眼周及前额、头前部、头侧部皮肤裸出，鲜红色；着生稀疏黑色绒毛状羽。颊、喉部白色。枕

白枕鹤（陈保成 20110102 摄于夏镇，丁洪安 20061029 摄于黄河三角洲国家级自然保护区）

部、后颈、颈侧和前颈上部形成一条暗灰色条纹。上体为石板灰色。颈侧和前颈下部及下体呈暗石板灰色。初级飞羽黑褐色，具白色羽干纹；次级飞羽黑褐色，基部白色；三级飞羽延长呈弓状，淡灰白色，覆羽灰白色；初级覆羽黑色，末端白色。尾暗灰色，末端具宽阔黑色横斑。脚红色。

生态习性： 栖息于开阔的沼泽地带和海湾地区。多成家族群或小群活动；行动机警。白天多觅食，边走边啄食。繁殖期 5～7 月，一雌一雄制，每年产 1 窝，每窝产卵 2 枚，雌雄亲鸟即开始共同孵卵，以雌鸟为主，另一亲鸟负责警戒，孵卵期 29～30 天。早成雏。

分布： ●济宁，●南四湖；邹城；微山县 -●（1958 济宁一中）两城，●（19581101 山东师大）南阳湖，●（1958 济宁一中）微山湖，夏镇（陈保成 20110102）。

（W）◎东营，聊城，临沂，淄博；胶东半岛，鲁中山地，鲁西南平原湖区。

黑龙江，吉林，辽宁，内蒙古，河北，北京，天津，河南，新疆，安徽，江苏，上海，浙江，江西，湖南，福建，台湾。

区系分布与居留类型： ［古］（W）。

物种保护： Ⅱ，V/CRDB，1/CITES，中日，Vu/IUCN。

参考文献： H249，M299，Zja257；La597，Q104，Qm231，Z177/165，Zx51，Zgm62/69。

记录文献： —；赛道建 2017、2013，李久恩 2012，纪加义 1990、1987b。

灰鹤普通亚种　Common Crane
Grus grus lilfordi（Sharpe）

同种异名： 玄鹤，番薯鹤，千岁鹤；Grey Crane；*Ardea grus* Linnaeus，1758，*Grus lilfordi* Sharpe，1894

形态特征： 大型涉禽，灰色鹤。嘴黑绿色、端部沾黄色。前额、眼先黑色，被稀疏黑色毛状短羽，头顶裸出皮肤红色。眼后白色宽纹穿过耳羽至后枕、沿颈部向下到上背。喉、前颈和后颈灰黑色。全身羽毛大都灰色，背、腰灰色较深，胸、翅灰色较淡，背常沾有褐色。尾羽端部和尾上覆羽为黑色。腿和脚灰黑色。幼鸟嘴基肉红色，尖端灰肉色。体羽呈灰色、羽端棕褐色，冠部被羽，无下垂内侧飞羽。次年，头顶开始裸露，被有毛状短羽，上体留有棕褐色旧羽。脚灰黑色。

生态习性： 栖息于开阔草地、沼泽、湖泊、农田地带。家族群到农田觅食，杂食性。单配制，每窝产卵 2 枚，雌雄鹤轮流孵卵，孵化期约 30 天。出壳雏

环颈鸻东亚亚种　Kentish Plover
Charadrius alexandrinus dealbatus（Swinhoe）

同种异名： 白领鸻，东方环颈鸻，金颈鸻；Snowy Plover，Sand Plover，Eastern Kentish Plover；—

形态特征： 小型涉禽。嘴细、黑色。体灰褐色。前额、眉纹白色。头顶前部黑色斑不与穿眼黑褐色纹相连。头顶后部、枕部至后颈沙棕色。后颈具白色领圈。背、肩、翼上覆羽、腰灰褐色，腰两侧白色。颏、喉、前颈、胸、腹部白色，胸两侧有独特黑色斑块。翼下覆羽和腋羽白色。尾短圆、覆羽灰褐色。冬羽暗淡，头部缺少黑色和棕色，胸侧块斑浅淡灰褐色、面积明显缩小。跗蹠黑色、淡褐色或黄褐色，爪黑褐色；跗蹠修长，胫下部裸出，中趾最长，后趾形小或退化。冬季羽毛黑色部分为灰褐色或褐色。雌鸟似冬羽。幼鸟似冬羽，额前和眉纹浅黄色，头顶前部无黑褐色带斑；上体满布黄色鳞片状斑纹；胸斑小、弥漫黄褐色。

环颈鸻（赛道建 20181007 摄于鱼种场，宋泽远 20120504 摄于太白湖）

生态习性： 栖息于潮间带、河口三角洲、河岸沙滩、沼泽草地。单独或集群活动。遇到危险，亲鸟用折翼行为吸引天敌离开。与小型鸻鹬类结群觅食蠕虫、昆虫、小型甲壳类、软体动物等，兼食植物。繁殖期 4～7 月，每窝产卵 2～4 枚，雌雄鸟共同孵卵，孵化期 22～27 天。早成雏。

分布：（S）◎济宁，南四湖（徐炳书 2008 0913）；任城区 - 太白湖（宋泽远 20120504）；金乡县 -●（19850323）消云；微山县 - 鱼种场（20181007）。
●◎滨州，（S）◎东营，◎济南，●◎临沂，（SP）聊城，●（P）◎青岛，●◎日照，（S）●◎泰安，◎潍坊，（S）◎威海，●◎烟台，淄博；胶东半岛，鲁中山地，鲁西北平原，鲁西南平原湖区。

黑龙江，吉林，辽宁，河北，北京，天津，山西，河南，安徽，江苏，上海，浙江，江西，湖南，湖北，福建，台湾，广东，广西，海南，香港，澳门。

区系分布与居留类型：［广］（SP）。
物种保护： Ⅲ，Lc/IUCN。
参考文献： H288，M393，Zja296；Lb37，Q122，Qm239，Z207/194，Zx62，Zgm68/81。
记录文献： —；赛道建 2017、2013，张月侠 2015，闫理钦 2013、1998a，纪加义 1987c，济宁站 1985。

东方鸻　Oriental Plover
Charadrius veredus（Gould）

同种异名： 红胸鸻，东方红胸鸻；Eastern Sand Plover，Oriental Dotterel；*Eupoda veredus*（Gould），*Charadrius asiaticus veredus* Gould，*Charadrius asiaticus veredus* Gould，1848

形态特征： 中小型涉禽，褐色及白色鸻。嘴短狭，黑色。额、眉纹、面颊、喉、颏、颈白色。头顶、枕部、上体全灰褐色。颈下淡黄褐色至胸部为宽栗红色带斑，下缘具明显黑色环斑带。腹部白色。腋羽褐色具狭细白色羽缘。尾形短圆。腿黄色或橙黄色。跗蹠修长，胫下部裸出。中趾最长，趾间具蹼，后趾形小或退化。冬羽头顶、眼先、耳羽褐色沾黄色。额、眉纹、喉、颊淡黄色。后颈、上体和翼上覆羽灰褐色具灰白色或米黄色羽缘呈鳞状斑。胸带黄褐色，下体余部白色。雌鸟面颊污棕色，眉纹不显；胸带沾黄褐色、下沿无黑色带斑。幼鸟羽似非繁殖期成鸟羽。

东方鸻（1958 采于南阳湖，成素博 20130320 摄于日照市付疃河夹仓口）

生态习性：栖息于海滩、河口、湖泊等湿地和远离水源的山谷、草原、平原。在多草地区、河流两岸及沼泽地带，捕食甲壳类、昆虫等。繁殖期4～5月，每窝产卵2枚，夜间由雌鸟孵卵。

分布：●济宁；微山县-●（1958济宁一中）南阳湖，●（1958济宁一中）微山湖。

◎东营，聊城，青岛，◎日照，●◎泰安，●◎潍坊，（P）烟台。

除宁夏、云南、西藏外，各省（自治区、直辖市）可见。

区系分布与居留类型：［古］（PS）。

物种保护：Ⅲ，Lc/IUCN。

参考文献：H292，M398，Zja300；Lb50，Qm240，Z212/198，Zx63，Zgm69/83。

记录文献：一；赛道建2017、2013，纪加义1987c。

10.3 彩鹬科 Rostratulidae

▶ *彩鹬属 Rostratula*

彩鹬指名亚种　Greater Painted Snipe
Rostratula benghalensis benghalensis（Linnaeus）

同种异名：一；一；一

形态特征：嘴黄褐色或红褐色、基部绿褐色。眼先、头顶、枕部黑褐色，头顶暗黄色形成中央冠纹。眼周黄白色或黄色圈纹向眼后延伸形成柄状，白色眼圈外缘以黑色；耳覆羽黑色。颏、喉和上胸棕栗红色。后颈和肩淡褐色，肩羽外缘暗黄色，肩间和内侧三级飞羽羽色似肩羽而无黄色羽缘，其余背部为暗黄色、棕黄色、黑色和灰色相杂状。下胸栗黑色横带后有一白色环带向两侧延伸至上背，两胁白色，腹淡棕白色。尾上覆羽和尾羽灰色具细窄的黑色波状纹和暗黄色眼状斑，尾下覆羽白色，羽端沾棕色，外侧中部黑色，具圆形棕色斑，内侧缀白色横斑。脚橄榄绿褐色或灰绿色。雌鸟羽色更艳丽，头胸深栗色，眼周斑白色，背上"V"白带斑绕过肩边达白色下体。

生态习性：栖息于平原、丘陵和山地的沼泽、河滩草地。性胆小，能游泳潜水，晨昏和夜间活动。单独或小群活动觅食，捕食昆虫、甲壳类、蚯蚓、蛙类等。繁殖期5～7月，每窝产卵3～6枚，一只雌鸟与数只雄鸟交配，卵由不同雄鸟孵化，孵化期约19天。

分布：（P）济宁，（P）南四湖；微山县-西万

彩鹬（赵迈 20180129 摄于昭阳村）

乡，昭阳村（赵迈20180129）。

滨州，（S）◎东营，聊城，（S）临沂，（S）●◎泰安；渤海海峡，鲁中山地，鲁西南平原湖区。

除黑龙江、宁夏、新疆外，各省（自治区、直辖市）可见。

区系分布与居留类型：［广］（S）。

物种保护：Ⅲ，中日，中澳，Lc/IUCN。

参考文献：H277，M379，Zja285；La636，Q116，Qm241，Z198/185，Zx57，Zgm70/77。

记录文献：朱曦2008；赛道建2017、2013，宋印刚1998，纪加义1987b，济宁站1985。

10.4 水雉科 Jacanidae（Jacanas）

▶ *水雉属 Hydrophasianus*

水雉　Pheasant-tailed Jacana
Hydrophasianus chirurgus（Scopoli）

同种异名：鸡尾水雉，长尾水雉；Water Pheasant；

Tringa chirurgus Scopoli，1786，*Parra sinensis* Gmelin，1788

形态特征：嘴蓝灰色，尖端缀绿色。黑色贯眼纹延至颈侧。头、前颈白色，头顶、背及胸具灰褐色横斑，后颈金黄色。体羽黑色，背、肩棕褐色具紫色光

水雉（韩汝爱 20180802 摄于微山湖国家湿地公园，徐炳书 20110906 摄雏鸟于微山湖，董宪法 20180724 摄亲鸟与雏鸟于太白湖）

泽，腰黑色。下体棕褐色。两翼白色斑明显，初级飞羽尖端黑色。尾上覆羽和尾黑色，4 枚中央尾羽特形延长且向下弯曲。

生态习性：栖息于湖泊、池塘和沼泽等开放地带。单独或小群活动，性活泼，能轻步行走于浮叶植物上。捕食昆虫、虾、软体动物、甲壳类等小动物。繁殖期 4～9 月，每窝产卵 4 枚，一个繁殖季节雌鸟可产卵 10 窝以上，由不同雄鸟孵化，孵化期 22～26 天。早成雏。

分布：（P）济宁，（P）南四湖；任城区 - 太白湖（董宪法 20180724）；微山县 - 古运河昭阳段（沈波 2017072），● （1958 济宁一中）南阳湖，微山湖国家湿地公园（韩汝爱 20180802），微山湖（20160807、20170908、徐炳书 20110906，张建 20160308），西万乡。

滨州，（S）◎东营，聊城，（S）临沂，（S）● ◎泰安；渤海海峡，鲁中山地，鲁西南平原湖区。

除黑龙江、宁夏、新疆外，各省（自治区、直辖市）可见。

区系分布与居留类型：［东］（S）。

物种保护：Ⅲ，中澳，Lc/IUCN。

参考文献：H276，M380，Zja284；La644，Q116，Qm241，Z197/184，Zx57，Zgm70/76。

记录文献：—；赛道建 2017、2013，李久恩 2012，纪加义 1987b。

10.5 鹬科 Scolopacidae（Snipes，Sandpipers，Phalaropes）

鹬科分属、种检索表

1. 前趾间具蹼膜 ·· 2
   前趾间不具蹼膜 ·· 14
2. 喙向下呈长弓形弯曲 ··· 3 杓鹬属 Numenius
   喙直或稍向上或向下弯曲 ··· 5
3. 跗蹠前后具蛇腹状鳞 ··· 小杓鹬 N. minutus
   跗蹠前端具蛇腹状鳞，后端具网状鳞 ·· 4
4. 嘴峰长度 100mm 以下 ·· 中杓鹬华东亚种 N. phaeopus variegatus
   嘴峰长度 199mm 以上，腰白色 ·································· 白腰杓鹬普通亚种 N. arquata orientalis
5. 喙长大于尾长，体长大于 36cm ··· 6 塍鹬属 Limosa
   喙长小于或等于尾长，第 Ⅱ 趾与第 Ⅲ 趾之间具蹼膜 ··· 7
6. 喙细长而直 ··· 黑尾塍鹬 L. limosa
   喙细长而略向上弯 ··· 斑尾塍鹬 L. lapponica
7. 翼角前端具明显白色带斑 ··· 矶鹬属 Actitis，矶鹬 A. hypoleucos
   翼角前端无明显白色带斑 ··· 8 鹬属 Tringa
8. 腰及尾上覆羽与背面同为灰色 ··· 灰尾漂鹬 T. brevipes
   腰羽及尾上覆羽全部或一部分为白色 ·· 9
9. 翼长 150mm 以上 ·· 10
   翼长 150mm 以下 ·· 12
10. 次级飞羽部分纯白色 ··· 红脚鹬 T. totanus
    次级飞羽不为白色，喙细，短于或等于跗蹠 ··· 11
11. 脚暗红色 ··· 鹤鹬 T. erythropus
    脚绿色，嘴微向上翘、黑色 ··· 青脚鹬 T. nebularia
12. 嘴峰较跗蹠略长 ··· 白腰草鹬 T. ochropus

嘴峰较跗蹠短 ··· 13

13. 翼黑褐色有白色斑 ·· 林鹬 *T. glareola*

    翼灰褐色有黑色斑，脚橄榄绿色非黄色 ································ 泽鹬 *T. stagnatilis*

14. 眼位于头侧偏后方，耳孔位于眼眶后缘下方 ··· 15

    眼位于头侧不偏后方，耳孔远位于眼眶后方 ·················· 18 滨鹬属 *Calidris*

15. 头顶具明显黑色横斑 ·············· 丘鹬属 *Scolopax*，丘鹬 *Scolopax rusticola*

    头顶无横斑而具纵斑，下胸和腹不具横斑，尾羽后段红褐色，具白色羽端 ········· 16 沙锥属 *Gallinago*

16. 尾羽 26 枚，外侧尾羽甚狭不及 2mm ··························· 针尾沙锥 *G. stenura*

    尾羽 20 枚以下，外侧尾羽较宽 ·· 17

17. 尾羽 16 枚以下 ·· 扇尾沙锥 *G. gallinago*

    尾羽 16 枚以上，翼长 150mm 以下 ·························· 大沙锥 *G. megala*

18. 喙平行宽阔状至先端变尖 ···································· 阔嘴鹬 *C. falcinellus*

    喙不呈宽阔状，初级覆羽无黑色月牙状斑块 ··· 19

19. 嘴峰 32mm 以上，尾凸尾形，中央一对尾羽长而凸出 ········· 黑腹滨鹬 *C. alpina*

    嘴峰 32 mm 以下 ··· 34

20. 喙于尖端逐渐尖细，略向下弯，跗蹠<33mm ················ 弯嘴滨鹬 *C. ferruginea*

    喙直或尖端微弯，翼长<110mm；跗蹠与中趾连爪等长，不为黑色 ········· 21

21. 外侧尾羽 4～6 枚全为白色 ······························· 青脚滨鹬 *C. temminckii*

    外侧尾羽 4～6 枚不全为白色 ······························· 长趾滨鹬 *C. subminuta*

▶ 丘鹬属 *Scolopax*

丘鹬[*1] **Eurasian Woodcock**
***Scolopax rusticola*（Linnaeus）**

同种异名： 山鹬，大水行，山沙锥；Woodcock；
Scolopax rusticola rusticola Linnaeus

    形态特征： 嘴长而直，蜡黄色、尖端黑褐色。头顶及颈背具斑纹。前额灰褐色具淡黑褐色及赭黄色斑。头顶和枕绒黑色，具 3～4 条不规则灰白色或棕白色横斑、缀棕红色。头两侧灰白色或淡黄白色，有黑褐色斑点；嘴基至眼有一黑褐色条纹。颏、喉白色。后颈灰褐色，有黑褐色窄横斑，少数缀淡棕红色、杂黑色。上体锈红色、有黑色及灰褐色横斑和斑纹；上背和肩具大型黑色斑块，下背、腰具黑褐色横斑。下体和腋羽灰白色密被黑褐色横斑，略沾棕色。尾羽黑褐色，内外侧具锈红色锯齿形横斑；羽端表面淡灰褐色，下面白色；尾上覆羽具黑褐色横斑。腿短，脚灰黄色或蜡黄色。幼鸟似成鸟。前额乳黄白色、羽端沾黑色。颏裸露，仅具绒羽。上体棕红色，较成体鲜艳。黑色斑较成体少。尾上覆羽棕色无横斑。

    生态习性： 栖息于阴暗潮湿、植物发达、落叶层较厚的森林、林间沼泽、湿草地和林缘灌丛地带。夜晚、黎明和黄昏到沼泽地上活动觅食，用长嘴插入泥土中或直接在地面啄食，主要捕食昆虫、蠕虫、蚯蚓、蜗牛等小型动物，也食植物。繁殖期为 5～7 月，每窝产卵 4 枚，雌鸟孵卵，孵化期约 23 天。

    分布： ●（P）济宁；●（P）任城区 - 十里营；微山县 - ●（1958 济宁一中）南阳湖，●（1958 济宁一中）微山湖。

    ●滨州，（P）◎东营，（P）◎菏泽，◎济南，（P）聊城，▲（P）青岛，◎泰安，●◎潍坊，（P）◎威海，▲烟台，淄博；渤海海峡，胶东半岛，鲁中山地，鲁西北平原，鲁西南平原湖区。

    各省（自治区、直辖市）可见。

    区系分布与居留类型： [古]（P）。

    物种保护： Ⅲ，Lc/IUCN。

    参考文献： H321，M328，Zja329；Lb60，Q136，Qm242，Z232/216，Zx64，Zgm70/83。

    记录文献： 朱曦 2008；赛道建 2017、2013，闫

丘鹬（1958 采于南阳湖）

---

*1 纪加义等（1986）记为济宁发现的济宁鸟类新记录。

理钦 1998a，纪加义 1987c、1986，济宁站 1985。

▶ 沙锥属 *Gallinago*

针尾沙锥[*1] Pintail Snipe
Gallinago stenura（Bonaparte）

同种异名：针尾鹬，中沙锥、针尾水札；Pin-tailed Snipe；*Capella stenura*（Bonaparte）

形态特征：体小腿短沙锥。嘴细长而直，尖端稍弯曲；嘴尖端黑褐色、基部黄绿色或角黄色。从嘴基、眼上缘到后颈的长眉纹黄白色，眼先白色，嘴基经眼先具黑色贯眼纹；嘴角至眼下有一黑褐色纵纹。头绒黑色，羽端缀少许棕红色。额基到枕部的中央纹白色或棕白色。额、喉灰白色。后颈、背、肩羽、三级飞羽黑色或黑褐色杂红棕色、绒黑色、黄棕白色斑纹和纵纹。肩羽外侧黄棕白色边缘形成宽阔纵纹。下体污白色，前颈和胸具棕黄色和黑褐色纵纹或斑纹；腋羽和翼下覆羽白色，密被黑褐色斑纹。尾上覆羽淡栗红色杂黑褐色斑纹；尾下覆羽沾棕色具黑褐色横斑。跗跖和趾黄绿色或灰绿色，爪黑色。幼鸟似成鸟。上体羽缘窄、淡色，有时具虫蠹状斑；翅覆羽羽缘窄、淡皮黄色。

针尾沙锥（陈保成 20100426 摄于昭阳村）

生态习性：栖息于山地、高原、泰加林和森林地带沼择湿地及平原地带的各类湿地。飞行路线 S 形或锯齿状；白天潜伏，晨昏时在开阔水边觅食，捕食昆虫、甲壳类和软体动物，也吃农作物种子和草籽。繁殖期 5～7 月，每窝产卵 4 枚。

分布：●（P）◎济宁，（P）南四湖；嘉祥 - ●纸坊（20120825）；微山县 - ●（1958 济宁一中）南阳湖，●（1958 济宁一中）微山湖（徐炳书 20100330），昭阳村（陈保成 20100426）。

[*1] 纪加义等（1986）记为济宁发现的济宁鸟类新记录。

德州，（P）◎东营，●青岛，●◎日照，（P）●泰安，（P）◎威海，◎烟台，淄博；胶东半岛，鲁中山地，鲁西北平原，鲁西南平原湖区。

各省（自治区、直辖市）可见。

区系分布与居留类型：［古］（P）。

物种保护：Ⅲ，中澳，2/CMS，Lc/IUCN。

参考文献：H318，M332，Zja326；Lb67，Q136，Qm243，Z229/214，Zx64，Zgm71/84。

记录文献：朱曦 2008；赛道建 2017、2013，李久恩 2012，宋印刚 1998，闫理钦 1998a，纪加义 1987c、1986，济宁站 1985。

大沙锥 Swinhoe's Snipe
Gallinago megala（Swinhoe）

同种异名：中地鹬；Forest Snipe；*Scolopax stenura* Bonaparte，1830，*Capella megala*（Swinhoe）

形态特征：嘴长、褐色，或基部灰绿色、尖端暗褐色。眉纹苍白色，眼先污白色，两条黑褐色纵纹一条从嘴基到眼，另一条在眼下方，眼后缀红棕色。头顶苍白色中央纵纹从嘴基达枕部，枕后转为淡红棕色；两侧绒黑色具细小淡红棕色斑点。后颈杂有淡黄棕色和白色。上体黑褐色杂棕黄色纵纹和红棕色横斑与斑纹；肩、背、三级飞羽、翅上大覆羽和中覆羽具黄棕白色羽缘、红棕色横斑和斜纹，在背部形成四道纵形带斑。腋羽和翼下覆羽白色具黑褐色横斑。下体近白色；喉和上胸土黄白色缀灰棕色和黑褐色斑，两胁白色缀黑褐色横斑；颏和腹白色。幼鸟似成鸟。翅上覆羽和三级飞羽具皮黄白色羽缘。

大沙锥（赵迈 20170324 摄于昭阳湖）

生态习性：栖息于湖泊、河谷、草地和沼泽地带。白天匿藏，晚上、黎明和黄昏活动觅食，将细长嘴插入泥地中搜觅食物，捕食昆虫、环节动物、蚯蚓、甲壳类等小型动物。繁殖期 5～7 月，每窝多产卵 4 枚。

分布： ◎济宁，南四湖（贾东梅20100405）；微山县-昭阳湖（赵迈20170324）；鱼台县-梁岗（20160409，张月侠20160409），夏家村（张月侠20160505）。

（P）◎东营，（P）菏泽，◎济南，聊城，●青岛，●◎日照，（P）●泰安，潍坊，（P）威海；胶东半岛，鲁中山地，鲁西北平原。

各省（自治区、直辖市）可见。

区系分布与居留类型： ［古］（P）。

物种保护： Ⅲ，中日，中澳，2/CMS，Lc/IUCN。

参考文献： H319，M333，Zja327；Lb69，Q136，Qm244，Z230/214，Zx65，Zgm72/84。

记录文献： 一；赛道建2017、2013，闫理钦1998a，纪加义1987c。

扇尾沙锥指名亚种 [1] Common Snipe
Gallinago gallinago gallinago（Linnaeus）

同种异名： 田鹬；Fantail Snipe；*Scolopax gallinago* Linnaeus，1758

形态特征： 中小型色彩沙锥。嘴粗长而直、褐色。脸黄，上下眉纹及贯眼纹色深，头顶乳黄色、冠纹黄白色。上体深褐色具白色、黑色细纹及蠹斑，黄色羽缘形成4条纵带，翼细而尖具白色翼斑，颈、上胸黄褐色具黑色纵纹，下体后部白色。尾宽阔亚端斑棕色、端斑白色，外侧尾羽扇形。脚橄榄色，爪黑色。幼鸟似成鸟，翼上覆羽微缀皮黄白色羽缘。上体纵带较窄。

扇尾沙锥（徐炳书20100403摄于微山湖）

生态习性： 栖息于富有植物和灌丛的开阔沼泽、湿地和林间沼泽。单独或小群活动。白天隐藏，晚上和晨昏时活动觅食，捕食昆虫、蠕虫、蜘蛛、蚯蚓和软体动物。繁殖期5～7月，每窝产卵4枚，雌鸟孵卵，孵化期19～20天。早成雏。

---

[1] 纪加义等（1986）记为济宁发现的济宁鸟类新记录。

分布： （P）◎济宁，（P）南四湖；任城区-太白湖（宋泽远20140323）；微山县-●（19830903）鲁桥，微山湖（徐炳书20100403，韩汝爱20090418）。

●滨州，（P）◎东营，（P）菏泽，（P）◎济南，聊城，◎莱芜，●青岛，◎日照，（P）●泰安，潍坊，（P）威海，◎烟台，淄博；渤海海峡，胶东半岛，鲁中山地，鲁西北平原，鲁西南平原湖区。

各省（自治区、直辖市）可见。

区系分布与居留类型： ［古］（P）。

物种保护： Ⅲ，中日，2/CMS，Lc/IUCN。

参考文献： H320，M334，Zja328；Lb72，Q136，Qm244，Z231/215，Zx65，Zgm72/85。

记录文献： 朱曦2008；赛道建2017、2013、1994，李久恩2012，闫理钦1998a，纪加义1987c、1986，济宁站1985。

▶ **膁鹬属** *Limosa*

黑尾膁鹬普通亚种 Black-tailed Godwit
Limosa limosa melanuroides（Gould）

同种异名： 黑尾鹬，东方黑尾鹬；一；*Scolopax limosa* Linnaeus，*Limosa melanuroides* Gould

形态特征： 嘴细长、近直形，尖端微向上弯曲，基部橙黄色或粉红肉色（非繁殖期），尖端黑色。眉纹乳白色，眼后变为栗色，贯眼纹黑褐色、细窄而长延伸到眼后，眼先黑褐色。头、颈部红棕色，头具暗色细条纹，后颈具黑褐色细条纹。翕、肩、背和三级飞羽黑色杂淡肉桂色和栗色斑。两翅覆羽灰褐色，羽缘色淡。颏白色，喉、前颈和胸栗红色，下颈两侧和

黑尾膁鹬（韩汝爱20110405摄于薛河，徐炳书20100402摄于微山湖）

胸具黑褐色星月形横斑；上腹白色，具栗色斑点和褐色横斑，其余下体包括翼下覆羽和腋羽白色。腰和尾上覆羽白色，尾白色、具黑色宽阔端斑。脚细长，黑灰色或蓝灰色。冬羽似夏羽。眉纹白色在眼前极明显，上体灰褐色，翅覆羽具白色羽缘，前颈和胸灰色，其余下体白色，两胁缀灰色斑点。幼鸟头顶具肉桂色纵纹，颈胸缀皮黄色，背肩具栗色羽缘。

生态习性： 栖息于平原草地和森林地带的沼泽、湿地，湖边附近的草地与湿地。单独或小群、大群活动。常在水边泥地边走边将长嘴插入泥中探觅食物，捕食水生和陆生昆虫、甲壳类、蠕虫、软体动物、环节动物、蜘蛛等。繁殖期5～7月，每窝产卵4枚，雌雄鸟轮流孵卵，孵化期约24天。

分布： 微山县 - 微山湖（徐炳书 20100402），薛河（韩汝爱 20110405）；鱼台县 - 夏家（张月侠 20150503）。

●◎滨州，◎德州，（P）◎东营，（P）济南，聊城，青岛，◎潍坊，◎日照，◎威海，◎烟台；胶东，鲁西北，鲁西南，鲁中山地。

各省（自治区、直辖市）可见。

区系分布与居留类型：［古］（P）。

物种保护： Ⅲ，未定 /CRDB，中日，中澳，Nt/IUCN。

参考文献： H298，M336，Zja306；Lb81，Q126，Qm245，Z215/201，Zx66，Zgm85。

记录文献： —；赛道建 2017、2013、1994，纪加义 1987c。

斑尾塍鹬（张月侠 20150503 摄于鹿洼煤矿塌陷区，成素博 20150528 摄于日照市付疃河口）

繁殖期为5～7月，每窝产卵3～5枚，白天雌鸟孵卵，雄鸟警戒保卫，孵化期约21天。

分布： ◎济宁，鱼台县 - 鹿洼煤矿塌陷区（张月侠 2015 0503）。

◎滨州，（P）◎东营，◎莱芜，●青岛，◎日照，◎泰安，◎潍坊，（P）◎威海，◎烟台；渤海海峡，胶东半岛，鲁中山地。

辽宁，河北，天津，江苏，上海。

区系分布与居留类型：［古］S（P）。

物种保护： Ⅲ，未定 /CRDB，中日，中澳，2/CMS，Lc/IUCN。

参考文献： H299，M337，Zja307；Lb85，Q128，Qm245，Z216/202，Zx66，Zgm73/85。

记录文献： —；赛道建 2017、2013，闫理钦 1998a，纪加义 1987c。

斑尾塍鹬普通亚种　Bar-tailed Godwit
Limosa lapponica baueri Naumann

同种异名： 斑尾鹬，钮鹬（jǔyù）；—；*Limosa baueri* Naumann，1836，*Limosa lapponica novaezealandiae* G. R. Gray

形态特征： 嘴长而微上弯，基部肉色、端部黑色。雌雄鸟同型，繁殖季羽与非繁殖季羽颜色稍异。头、后颈红褐色带黑褐色纵纹。背、肩羽暗褐色具栗色斑纹，下背、腰白色具少许褐色斑点；翼上覆羽、初级和次级飞羽黑褐色。脸、喉、颈、胸及腹部红褐色，腋羽白色具黑褐色矢状斑。尾上覆羽白色具黑褐色斑，尾羽淡红褐色具暗褐色横斑纹。脚部跗蹠及趾黑褐色。冬羽灰褐色，头颈有黑色纵纹，上体和胁具黑褐色斑。飞翔时，白色腰部、白尾上黑色横斑与暗色上体对比明显，翼下白色。雌鸟棕色较淡。

生态习性： 栖息于河口、盐田及海岸沼泽湿地及水域周围的湿草甸，常成群沿潮水线，将喙插入泥中觅食，捕食昆虫、甲壳类、软体动物、小鱼及草籽。

杓鹬属 *Numenius*

小杓鹬　Little Curlew
Numenius minutus[*1]（Gpuld）

同种异名： —；Little Whimbrel；*Numenius borealis minutus* Gould，1841

形态特征： 体小杓鹬。嘴长而向下弯，嘴端黑色、下喙基部肉红色。贯眼纹黑褐色，眉纹粗著、淡黄色。头顶黑褐色，中央冠纹细、淡黄色。颏和喉白或沾土黄色。头侧和颈黄灰色，散布暗褐色条纹。上体背、肩黑褐色，密布淡黄色羽缘斑（沙黄色缺刻）。下背、腰和尾上覆羽黑褐色具灰白色横斑。前颈、胸

[*1] 郑作新（1987）、纪加义等（1987c）记为 *Numenius borealis* 的 *minutus* 亚种；标本记录无相关信息，近年来也未能征集到照片。

小杓鹬（李宗丰 20190513 摄于日照市崮子河）

皮黄色具黑褐色细斑纹。腹白色，两胁具黑褐色斑。尾羽灰褐色具黑褐色横斑，尾下覆羽奶白色略沾黄色。腿黄色或染灰蓝色，跗蹠具盾状鳞。雌鸟羽色同雄鸟，略大。幼鸟通体更多土黄色杂斑。胸前褐色条纹和胁暗斑不显著或者消失。

生态习性：栖息于沼泽、水田、荒地及海岸附近地带的湿地。单独或小群活动，迁徙、越冬时同其他鹬类集成较大群体。到潮间带滩涂涉水觅食，捕食昆虫、甲壳类、软体动物和小鱼等，也吃藻类、草籽和种子。繁殖期为6～7月，每窝产卵3～4枚。本地虽有分布标本记录，但未能查到标志、无照片实证。

分布：（P）济宁，（P）●南四湖；微山县-微山湖。

◎滨州，（P）◎东营，（P）菏泽，◎莱芜，●（P）◎青岛，◎日照，●◎潍坊，◎威海，◎烟台；胶东半岛，鲁西北平原，鲁西南平原湖区。

黑龙江，吉林，辽宁，内蒙古，河北，北京，天津，山西，宁夏，青海，新疆，安徽，江苏，上海，浙江，湖北，云南，福建，台湾，广东，广西，海南，香港，澳门。

区系分布与居留类型：［古］（P）。

物种保护：Ⅱ，1/CITES，中澳，2/CMS，Lc/IUCN。

参考文献：H294，M338，Zja302；Lb88，Q124，Qm245，Z212/198，Zx66，Zgm73/86。

记录文献：朱曦2008；赛道建2017、2013，宋印刚1998，纪加义1987Bc，济宁站1985。

中杓鹬华东亚种　Whimbrel
Numenius phaeopus variegatus（Scopoli）

同种异名：—；—；*Scolopax phaeopus* Linnaeus，

1758，*Tantalus variegates* Scopoli，1786，*Numenius uropygialis* Gould，1841

形态特征：中型杓鹬。嘴长而下弯曲、黑褐色，下喙基部淡褐色或肉色。眉纹浅白色，贯眼纹黑褐色。头顶暗褐色，中央冠纹白色。颏、喉白色。上背、肩、背暗褐色，羽缘淡色具黑色细窄中央纹；下背和腰白色微缀黑色横斑。颈、胸灰白色，具黑褐色纵纹；腹中部白色。体侧和尾下覆羽白色具黑褐色横斑。尾上覆羽和尾灰色具黑色横斑。脚蓝灰色或青灰色。幼鸟似成鸟。胸更多皮黄色、微具细窄纵纹，肩和三级飞羽皮黄色斑显著。

中杓鹬（聂成林 20100520 摄于洸府河）

生态习性：栖息于森林、苔原、湖泊与河岸草地、沿海湿地、沼泽等生境。单独或结群或混群活动。觅食时将向下弯曲的嘴插入泥地探觅、捕食昆虫、甲壳类和软体动物等小型动物。繁殖期5～7月，每窝多产卵4枚，雌雄亲鸟轮流孵卵，孵化期约24天。

分布：（P）●济宁，南四湖，洸府河（聂成林20100520）；微山县-（P）●南阳湖，●（19540929）西万。

◎滨州，（P）◎东营，（P）菏泽，●青岛，（P）◎日照，潍坊，（P）◎威海，◎烟台，淄博；胶东半岛，鲁西北，鲁西南，鲁中山地。

除新疆外，各省（自治区、直辖市）可见。

区系分布与居留类型：［古］（P）。

物种保护：Ⅲ，中日，中澳，2/CMS，Lc/IUCN。

参考文献：H295，M339，Zja303；Lb91，Q126，Z212/199，Zx67，Zgm74/86。

记录文献：—；赛道建2017、2013，闫理钦2013，纪加义1987c，济宁站1985。

白腰杓鹬普通亚种　Eurasian Curlew
Numenius arquata orientalis（Behm）

同种异名： 大杓鹬，麻鹬；Cuelew；*Scolopax arquata* Linnaeus，1758，*Numenius orientalis* Brehm，1831

　　形态特征： 体大杓鹬。喙嘴长而下弯、淡红褐色、尖端褐色。眼暗褐色。脸淡褐色具褐色细纵纹、额、喉灰白色，颊部污白色具黑褐色细纵纹。头、颈、上背淡褐色具黑褐色羽轴纵纹，后颈至上背羽干纹增宽至呈块斑状；下背、腰白色，下背具灰褐色细羽干纹。翼上覆羽具黑褐色锯齿形羽轴斑。腋羽和翼下覆羽白色。前颈、颈侧、胸、腹棕白色或淡褐色具褐色细纵纹，腹、胁白色具粗重黑褐色斑点组成的纵向带状斑纹，下腹白色。尾羽白色或灰褐色具黑褐色细窄横斑纹，尾上覆羽白色变为较粗黑褐色羽干纹。跗蹠及趾青灰色。幼鸟羽缘沾棕红色，前颈和胸部褐色较淡，沾皮黄色，胸侧具褐色细长纵纹。

白腰杓鹬（聂成林 20120405 摄于辛店塌陷区）

　　生态习性： 栖息于森林、平原中的湖泊、河流及海滨岸边和附近沼泽、草地、农田地带。性机警，常成小群活动。边行走边将嘴插入泥中探觅食物，捕食甲壳类、软体动物、蠕虫、昆虫等。繁殖期5～7月，每窝通常产卵4枚，雌雄亲鸟轮流孵卵，孵化期28～30天。

　　分布：（P）●济宁，（P）南四湖，辛店塌陷区（聂成林 20120405）；邹城 -（P）●西苇水库；微山县 - 微山湖。

　　◎滨州，（P）◎东营，（P）济南，◎莱芜，●◎青岛，◎日照，◎泰安，◎潍坊，（P）◎威海，◎烟台，◎淄博；胶东半岛，鲁西北平原，鲁西南平原湖区。

　　除贵州外，各省（自治区、直辖市）可见。

　　区系分布与居留类型：［古］（P）。

物种保护： Ⅲ，中日，中澳，2/CMS，Nt/IUCN。

参考文献： H296，M340，Zja304；Lb95，Q126，Qm246，Z213/199，Zx67，Zgm74/86。

　　记录文献： 朱曦 2008；赛道建 2017、2013，闫理钦 2013、1998a，李久恩 2012，宋印刚 1998，纪加义 1987c，济宁站 1985。

▶ **鹬属** *Tringa*

鹤鹬　Spotted Redshank
Tringa erythropus（Pallas）

同种异名： 红脚鹤鹬；Dusky Redshank；*Scolopax erythropus* Pallas，1764

　　形态特征： 嘴细长而尖直、黑色，下嘴基部繁殖期深红色、非繁殖期橙红色。眼周具白色窄眼圈。翁部、背、肩、翼上覆羽和三级飞羽黑色，具白色斑点和羽缘。下背和上腰白色，下腰和尾上覆羽具黑灰色和白色相间横斑。飞羽黑色，内侧初级飞羽和次级飞羽具白色横斑。腋羽和翼下覆羽白色。头、颈和整个下体黑色，胸侧、两胁和腹具白色羽缘。尾暗灰色具白色窄横斑，尾下覆羽具暗灰色和白色横斑。脚繁殖期红色，非繁殖期橙红色。冬羽背灰褐色、腹白色，腰、尾白色具褐色横斑，过眼纹明显。幼鸟上体颜色似冬羽而较褐，翼上覆羽、肩和三级飞羽灰褐色具白斑点。颏、喉白色，下体余部淡灰色具灰褐色横斑。

鹤鹬（韩汝爱 20110323 摄于薛河，陈保成 20080516 摄于昭阳村）

　　生态习性： 栖息于湖泊、河岸及林缘附近沼泽地带。越冬期间迁徙到海滨、湖泊、河流沿岸、河口沙洲和沼泽。单独或小群活动。在浅水处边走边觅食，捕食甲壳类、软体动物、蠕形动物、水生昆虫。繁殖期5～8月，每窝产卵4枚，雌雄鸟轮流孵卵，以雄鸟为主。

分布：（P）◎济宁，（P）南四湖（楚贵元20090430）；微山县-微山湖（徐炳书20100405、20110514），薛河（韩汝爱20110320、20110323），昭阳村（陈保成20080516、楚贵元20100403）；鱼台县-夏家（张月侠20150501、20150602、20160409、20160505、20170502）。

●◎滨州，（P）◎东营，◎济南，青岛，◎日照，（P）●泰安，潍坊，（P）◎威海，◎烟台，淄博；胶东半岛，鲁中山地，鲁西北平原，鲁西南湖区。

各省（自治区、直辖市）可见。

区系分布与居留类型：［古］（P）。

物种保护：Ⅲ，中日，Lc/IUCN。

参考文献：H300，M342，Zja308；Lb102，Q128，Qm246，Z217/203，Zx68，Zgm74/87。

记录文献：—；赛道建2017、2013，闫理钦1998a，纪加义1987c，济宁站1985。

红脚鹬东部亚种　Common Redshank
Tringa totanus terrignotae[*1]（Meinerzhagen）

同种异名：赤足鹬，东方红腿鹬；Redshank；*Scolopax totanus* Linnaeus，1758，*Totanus totanus eurhinus* Oberholser，1900，*Tringa totanus totanus* Linnaeus

形态特征：嘴长直而尖，基部橙红色、尖端黑褐色。上嘴基部至眼上前缘有一白斑。后头沾棕色。

红脚鹬（1958采于南阳湖，陈保成20071216摄于夏镇，赛道建20150830摄飞翔个体于日照市付瞳河）

---

*1 郑作新（1987）、纪加义等（1987c）记为 *Tringa totanus totanus*。

头、上体灰褐色具黑褐色羽干纹。背和两翅覆羽具黑色斑点和横斑，下背和腰白色。额基、颊、颏、喉、前颈和上胸白色具细密黑褐色纵纹；下胸、两胁、腹和尾下覆羽白色，两胁和尾下覆羽具灰褐色横斑。尾上覆羽和尾白色具窄的黑褐色横斑。脚较细长，亮橙红色。羽、上体灰褐色，无黑色羽干纹；头侧、颈侧与胸侧羽干纹淡褐色，下体白色。幼鸟似成鸟冬羽，具橙黄色，中央尾羽肉桂色。

生态习性：栖息各类生境中的河口、湖泊、海滨等水域及附近沼泽、草地湿地。性机警。在滩涂、沼泽地上觅食，捕食软体动物、甲壳类、环节动物、昆虫等。繁殖期5～7月，每窝产卵3～5枚，雌雄鸟轮流孵卵，雌鸟为主，孵化期23～25天。3月、5月、12月可见到。

分布：●◎济宁；微山县-高楼湿地（20180324），●（1958济宁一中）南阳湖，●（1958济宁一中）微山湖，夏镇（陈保成20071216），昭阳村（20170306），郭河（20170307），沙堤村郭河（20170303）；鱼台县-鹿洼（张月侠20150503），夏家（张月侠20150502）。

●滨州，（P）◎东营，◎菏泽，◎济南，聊城，◎莱芜，青岛，◎日照，●泰安，潍坊，（P）◎威海，◎烟台；胶东半岛，鲁中山地，鲁西北平原。

黑龙江，吉林，辽宁，河北，北京，天津，河南，安徽，江苏，上海，浙江，江西，湖南，湖北，福建，台湾，广东，广西，海南，香港，澳门。

区系分布与居留类型：［古］R（P）。

物种保护：Ⅲ，中日，中澳，2/CMS，Lc/IUCN。

参考文献：H301，M343，Zja309；Lb105，Q128，Qm247，Z218/204，Zx68，Zgm74/87。

记录文献：—；赛道建2017、2013，闫理钦1998a，纪加义1987c。

泽鹬　Marsh Sandpiper
Tringa stagnatilis（Bechstein）

同种异名：小青足鹬；—；*Totanus stagnatilis* Bechstein，1803

形态特征：嘴细长、直而尖、黑色，基部绿灰色。贯眼纹暗褐色，眼先、颊、眼后和颈侧灰白色具暗色纵纹或矢状斑。额、头顶、后颈淡灰白色具暗色纵纹。上体灰褐色，上背沙灰色或沙褐色具浓黑色中央纹，下背和腰纯白色；肩和三级飞羽灰褐色缀皮黄色，具黑色斑纹或横斑。下体白色，前颈和胸白色具黑褐色细纵纹，两胁具黑褐色横斑或矢状斑。尾上覆羽白色具黑褐色斑纹或横斑。脚细长，暗灰绿色或黄绿色。冬羽额、眼先和眉纹白色。头顶和上体淡灰褐

泽鹬（徐炳书 20110425 摄于微山湖）

青脚鹬（聂成林 20121010 摄于太白湖，董宪法摄于 20150825 石佛养殖区）

色或沙灰色，具暗色纵纹和白色羽缘。下体白色，颈侧和胸侧微具黑褐色条纹，腋羽白色。幼鸟似成鸟冬羽，上体深褐色缀有皮黄色斑或羽缘。

生态习性： 栖息于沿海、湖泊、河流与邻近水域和沼泽草地。性胆小、机警，单独或小群在水边滩地、浅水处活动。边走边将嘴插入泥中探觅、啄取食物，捕食水生昆虫及幼虫、蠕虫、软体动物和甲壳类动物。繁殖期 5～7 月，每窝多产卵 4 枚，雌雄鸟轮流孵卵。

分布： ◎济宁；微山县 - 微山湖（徐炳书 20110425）；鱼台县 - 夏家（张月侠 20160409）。

●滨州，◎德州，（P）◎东营，（P）聊城，青岛，◎日照，（P）●泰安，潍坊，◎烟台，◎淄博；胶东半岛，鲁中山地，鲁西北平原。

除贵州、云南、西藏外，各省（自治区、直辖市）可见。

区系分布与居留类型： [古]（P）。

物种保护： Ⅲ，中日，中澳，2/CMS，Lc/IUCN。

参考文献： H302，M344，Zja310；Lb108，Q128，Qm247，Z219/205，Zx69，Zgm75/88。

记录文献： —；赛道建 2017、2013，纪加义 1987c。

青脚鹬 Common Greenshank
Tringa nebularia（Gunnerus）

同种异名： 青足鹬；Greenshank；*Scolopax nebularia* Grunnerus，1767

形态特征： 中等腿长灰色鹬。嘴长、基部粗、尖端逐渐变细向上倾斜，基部蓝灰色或绿灰色、尖端黑色。眼先、颊白色缀黑褐色羽干纹。头顶至后颈灰褐色，羽缘白色。上体灰黑色有黑色轴斑和白色羽缘，翼下覆羽和腋羽白色具黑褐色斑点。下体白色，前颈和上胸白色缀黑褐色羽干纵纹；下胸、腹和尾下覆羽白色。尾白色具灰褐色细窄横斑。脚长，淡灰绿色、草绿色或青绿色、黄绿色或暗黄色。冬羽似夏羽。头、颈白色微具暗灰色条纹。上体淡褐灰色，下体白色，下颈和上胸两侧具淡灰色纵纹。幼鸟似成鸟冬羽，具皮黄色羽缘和暗色亚端斑，下体具细褐色纵纹。

生态习性： 栖息于湖泊、河流和沼泽地带，以及河口海岸地带。捕食甲壳类、水生昆虫、软体动物和小鱼等。繁殖期 5～7 月，每窝通常产卵 4 枚，雌雄亲鸟轮流孵卵，以雌鸟为主，雄鸟负责警卫，孵化期 24～25 天。早成雏。

分布： ●◎济宁，●南四湖；任城区 - 石佛养殖区（董宪法 20150825），太白湖（聂成林 20121010，张月侠 20181002）；微山县 -（19841108）鲁桥，（P）●（1958 济宁一中）南阳湖，●（1958 济宁一中）微山湖；鱼台县 - 夏家（20160409，张月侠 20160505）。

◎滨州，◎德州，◎东营，（P）菏泽，（P）◎济南，聊城，◎莱芜，●◎青岛，◎日照，（P）●泰安，潍坊，（P）◎威海，◎烟台，◎淄博；胶东半岛，鲁中山地，鲁西北平原。

各省（自治区、直辖市）可见。

区系分布与居留类型： [古]（P）。

物种保护： Ⅲ，中日，中澳，Lc/IUCN。

参考文献： H303，M345，Zja311；Lb111，Q130，Qm247，Z220/205，Zx69，Zgm75/88。

记录文献： 张乔勇 2017；赛道建 2017、2013、1994，闫理钦 1998a，纪加义 1987c，济宁站 1985。

白腰草鹬 Green Sandpiper
Tringa ochropus（Linnaeus）

同种异名：—；—；—

形态特征：中型绿褐与白二色鹬。嘴灰褐色或暗绿色、尖端黑色。嘴基至眼周眉纹白色在暗色的头上极为醒目，眼先黑褐色。颏白色。颊、耳羽、颈侧白色具细密黑褐色纵纹；前额、头顶、后颈黑褐色具白色纵纹。上背、肩、翅覆羽和三级飞羽黑褐色，羽缘具白色斑点，下背和腰黑褐色具白羽缘而呈白色。下体白色，喉和上胸密被黑褐色纵纹；胸、腹和尾下覆羽白色，胸侧和两胁白色具黑色斑点。尾羽和尾上覆羽白色，具黑褐色宽横斑，横斑数目自中央尾羽向两侧逐渐递减。脚橄榄绿色或灰绿色。冬羽似夏羽，体色较淡。上体灰褐色，背和肩具不明显皮黄色斑点。胸部淡褐色，纵纹不明显。

白腰草鹬（李阳 20160308 摄于微山湖国家湿地公园、20160124 摄于鱼种场）

生态习性：栖息于山地或平原森林中的湖泊、河流和沿海河口、农田与沼泽地带。单独或成对或小群活动，尾上下晃动、边走边觅食，捕食蠕虫、虾类、蜘蛛、蚌螺类、昆虫等小型动物。繁殖期5～7月，每窝产卵3～4枚，亲鸟轮流孵卵，孵化期20～23天。

分布：（P）●◎济宁，●（1958济宁一中）南四湖（颜景勇 20080902）；任城区 - 太白湖（张月侠 20181002，宋泽远 20121007）；曲阜 - 孔林（孙喜娇 20150426）；微山县 -（P）●（1958济宁一中）南阳湖，微山湖国家湿地公园（李阳 20160213、20160308），●微山湖（徐炳书 20080910），夏镇（陈保成 2009 1205），鱼种场（20181007，李阳 20160124），昭阳村（楚贵元 20100403）；鱼台县 - 鹿

洼（张月侠 20150503），夏家（20160409）。

◎滨州，◎德州，（P）东营，（P）菏泽，（P）◎济南，聊城，◎莱芜，◎青岛，◎日照，（P）●◎泰安，潍坊，（P）威海，◎烟台；胶东半岛、鲁中山地、鲁西北平原、鲁西南平原湖区。

各省（自治区、直辖市）可见。

区系分布与居留类型：［古］（P）。

物种保护：Ⅲ，中日，2/CMS，Lc/IUCN。

参考文献：H304，M348，Zja313；Lb119，Q130，Qm248，Z221/206，Zx70，Zgm76/88。

记录文献：朱曦 2008；赛道建 2017、2013，孙太福 2017，李久恩 2012，闫理钦 1998a，纪加义 1987c，济宁站 1985。

林鹬 Wood Sandpiper
Tringa glareola（Linnaeus）

同种异名：鹰斑鹬，鹰鹬；—；*Rhyacophilus glareola* Sharpe，*Totanus glareola*

形态特征：体型略小，纤细褐灰色鹬。嘴短直，尖端黑色，基部橄榄绿色或黄绿色。眼先黑褐色，眉纹长、白色。头和后颈黑褐色具白色细纵纹；头侧、颈侧灰白色具淡褐色纵纹。颏、喉白色。上体背、肩黑褐色具白斑点。下背和腰暗褐具白色羽缘。翼下覆羽白色具褐色横斑。前颈、上胸灰白色杂黑褐色纵纹；下体白色，腋羽、两胁具黑褐色横斑。脚多橄榄绿色。冬羽似夏羽。上体灰褐色具白色斑点。胸缀灰褐色，具不清晰褐色纵纹；两胁横斑消失或不明显。幼鸟嘴深褐色。上体暗褐色，具皮黄褐色斑点和羽缘；胸沾灰褐色，具淡色斑点。

林鹬（陈保成 20100427 摄于昭阳村，宋泽远 20130505 摄于太白湖）

生态习性： 栖息于林中或林缘开阔湖泊、水塘与溪流岸边，平原水域和沼泽、水田地带。性胆怯而机警，单独或集群活动，疾走或站立不动，将嘴插入泥中觅食，捕食昆虫、蠕虫、蜘蛛、软体动物和甲壳类等。繁殖期5～7月，每窝通常产卵4枚，雌雄鸟轮流孵卵。

分布：（P）◎济宁，（P）南四湖；任城区 - 太白湖（宋泽远 20130505）；微山县 - ●（19840501）南阳湖，微山湖（徐炳书 20090428、20100415、20110507），鱼种场（张月侠 20170501），薛河（韩汝爱 20100425），昭阳村（陈保成 20100427）；鱼台县 - 夏家（20160409，张月侠 20150503、20160409）。

◎滨州，◎德州，（P）◎东营，（P）◎济南，（P）聊城，◎莱芜，青岛，（P）◎日照，（P）●◎泰安，◎潍坊，◎烟台；胶东半岛，鲁中山地，鲁西北平原，鲁西南平原湖区。

各省（自治区、直辖市）可见。

区系分布与居留类型：［古］（P）。

物种保护： Ⅲ，中日，中澳，2/CMS，Lc/IUCN。

参考文献： H305，M349，Zja314；Lb122，Q130，Qm，Z221/207，Zx70，Zgm76/88。

记录文献： —；赛道建 2017、2013，孙太福 2017，李久恩 2012，纪加义 1987c，济宁站 1985。

灰尾漂鹬[*1] Grey-tailed Tattler
Tringa brevipes（Vieillot，1816）

同种异名： 灰鹬，灰尾鹬，黄足鹬；Gray-rumped Sandpiper；*Heteroscelus brevipes*，*Totanus brevipes* Vieillot，1816，*Totanus griseopygius* Gould，1848，*Tringa incana brevipes*（Vieillot），*Tringa incana*

形态特征： 低矮、暗灰色小鹬。嘴黑色，下嘴基部黄色。鼻沟仅及嘴长之半。眉纹白色几与白色额基相联，眼先和窄贯眼纹黑灰色。耳区、颊、头侧、前颈和颈侧白色具灰色纵纹。头顶、后颈、翅和尾等整个上体淡石板灰色微缀褐色。胸和两胁前部白色具清晰灰色细窄"V"形斑或波浪形横斑，腹、下胁、肛周和尾下表面纯白色。尾上覆羽具模糊白色横斑，有时尾下覆羽两侧具少许灰色横斑。脚短而粗、黄色、跗蹠后面被盾状鳞。冬羽无横斑而颈胸缀以浅灰色。腿短，黄色。

生态习性： 栖息活动于山地沙石河岸、岩石海岸、海滨沙滩、泥地。行走时点头并上下摆尾。多在潮间带上部、防潮堤上休息，遇险危急时起飞。在浅水处单独或小群觅食，捕食毛虫、昆虫、甲壳类和软

灰尾漂鹬（徐炳书 20110425 摄于微山湖）

体动物。繁殖期6～7月，每窝产卵4枚，雌雄鸟轮流孵卵。

分布： 微山县 - 微山湖（徐炳书 20110425）；鱼台县 - 夏家（张月侠 20150501）。

（P）◎东营，●青岛，潍坊，◎威海，●◎烟台；胶东半岛，鲁中山地，鲁西北平原，鲁西南平原湖区。

除新疆、重庆、贵州、云南、西藏外，各省（自治区、直辖市）可见。

区系分布与居留类型：［古］（SP）。

物种保护： Ⅲ，中日，中澳，Lc/IUCN。

参考文献： H309，M352，Zja318；Lb132，Q132，Qm249，Z224/209，Zx71，Zgm76/89。

记录文献： —；赛道建 2017、2013，闫理钦 1998a，纪加义 1987c。

▶ 矶鹬属 *Actitis*

矶鹬 Common Sandpiper
Actitis hypoleucos（Linnaeus）

同种异名： —；Eurasian Sandpiper；*Tringa hypoleucos* Linnaeus，1758

形态特征： 体小，褐白色鹬。嘴短而直、黑褐色，下嘴基部淡绿褐色。眉纹白色，贯眼纹黑色，眼先黑褐色。头侧灰白色具黑褐色细纵纹。颏、喉白色。上体黑褐色，头、颈、背、翅覆羽和肩羽橄榄绿褐色具绿灰色光泽。翼缘、大覆羽和初级覆羽尖端有少许白色。腋羽和翼下覆羽白色，翼下两道暗色横带显著。颈和胸侧灰褐色，前胸微具褐色纵纹，下体白色沿胸侧向背部延伸在翼角前成显著白色斑。中央尾羽橄榄褐色，端部黑褐色横斑不明显，外侧尾羽灰褐色具白

_____
[*1] 依徐炳书、张月侠所摄照片鉴定为南四湖地区鸟类记录。

矶鹬（陈保成 20091205 摄于夏镇，楚贵元 20100413 摄于昭阳村）

端斑和白色与黑褐色横斑。跗蹠和趾灰绿色，爪黑色。冬羽似夏羽，上体较淡；幼鸟似成鸟冬羽，羽缘多缀皮黄色，翼上覆羽和尾上覆羽尖端皮黄褐色横斑显著。

生态习性： 栖息于低山丘陵和山脚平原湖泊、江河以及海岸沼泽湿地。性机警，单独或成对、小群活动，停息时栖于石头等突出处，尾上下摆动。捕食昆虫、螺类、蠕虫等小动物。繁殖期 5～7 月，每窝产卵 4～5 枚，雌鸟单独孵卵，孵化期 20～22 天，早成雏。

分布： ◎济宁，南四湖；任城区 - 太白湖（宋泽远 20120503，张月侠 20170429）；微山县 -（P）南阳湖，南阳岛航道（张月侠 20160503），夏镇（陈保成 20091205），鱼种场（张月侠 20170501，吕艳 20180815），昭阳村（楚贵元 20100413）；鱼台县 - 鹿洼（张月侠 20150503），夏家村（张月侠 20170502）。

◎滨州，◎德州，（P）◎东营，（P）◎济南，聊城，（S）临沂，◎莱芜，●青岛，（P）◎日照，（P）●◎泰安，（S）◎潍坊，（P）◎威海，◎烟台，◎淄博；胶东半岛，鲁中山地，鲁西北平原，鲁西南平原湖区。

各省（自治区、直辖市）可见。

区系分布与居留类型： ［古］S（P）。

物种保护： Ⅲ，中日、中澳，2/CMS，Lc/IUCN。

参考文献： H308，M351，Zja316；Lb128，Q132，Qm249，Z223/208，Zx71，Zgm77/89。

记录文献： —；赛道建 2017、2013，孙太福 2017，闫理钦 1998a，纪加义 1987c，济宁站 1985。

▶ 滨鹬属 *Calidris*

同种异名： 乌脚滨鹬，丹氏滨鹬，丹氏穉鹬；—；

Erolia temminckii（Leisler），*Tringa temminckii* Leisler，1812

形态特征： 体小矮壮、灰色鹬。嘴黑色、下嘴基部褐色、绿灰色或暗黄色。眉纹白色窄而不明显；眼先、颊、耳区、颈侧褐色缀淡棕色和黑褐色纵纹。颊、喉白色。前额淡白色具浅褐色纵纹，头顶至后颈淡灰褐色具有黑褐色细纵纹，头顶缀棕栗色。翕、肩多数羽毛和三级飞羽中央黑色、边缘栗棕色、尖端淡灰色。颈、胸白色带锈红色斑纹，羽缘绣红色。腹、腋白色。尾上覆羽大部分黑褐色，尾下覆羽白色。脚灰绿色、褐黄色，趾橄榄黄绿色。冬羽上体灰褐色，胸灰色，下体白色。腿偏绿色或近黄色。幼鸟似成鸟冬羽，较暗褐色。

青脚滨鹬（李令东 20110730 摄于德州市乐陵市杨安镇水库）

生态习性： 栖息于山地冻原、湖泊浅滩、水田、河流附近的沼泽地。胆怯而机警，淡水鸟，也光顾潮间带港湾。在浅水处同其他滨鹬混群觅食，捕食昆虫、甲壳动物、蠕虫和环节动物等。繁殖期 6～7 月，每窝通常产卵 4 枚，雄鸟孵卵，孵化期约 21 天。本地虽有分布记录，但无标本、照片实证。

分布： 济宁；微山县 - 微山湖。

●滨州，◎德州，（P）◎东营，●青岛，◎泰安，潍坊，◎淄博；胶东半岛，鲁西北平原。

各省（自治区、直辖市）可见。

区系分布与居留类型： ［古］（P）。

物种保护： Ⅲ，中日，2/CMS，Lc/IUCN。

参考文献： H329，M364，Zja336；Lb159，Q140，Qm251，Z237/220，Zx73，Zgm79/91。

记录文献： —；赛道建 2017、2013，李久恩 2012，纪加义 1987c。

同种异名： 云雀鹬；—；*Tringa subminuta* Middendorff，1853

形态特征： 灰褐色小型滨鹬。嘴细长而尖、黑色，下嘴基部常缀褐色或黄绿色。眼先暗褐色，眉纹白色清晰，嘴基、眼先到眼前有不清晰贯眼纹，折向眼下到眼后与暗色耳羽相连。颏、喉白色。头顶棕色具黑褐色纵纹，后颈淡褐色暗色细纵纹，头顶至颈后染栗黄色。翕、背、肩羽中央黑色具栗棕色、白色宽羽缘，翕边缘不清晰白色在背上形成"V"形斑。腰部暗灰褐色，羽缘沾灰色。下体白色，胸缀皮黄灰色，两侧具显著黑褐色纵纹。尾长超过拢翼；中央尾羽暗褐色，外侧尾羽灰白色。腿及脚偏绿色或近黄色，趾明显比较长，中趾长度常明显超过嘴长。冬羽眉纹白色不明显；幼鸟白色眉纹宽。

长趾滨鹬（楚贵元 20130903 摄于昭阳村）

生态习性： 栖息于沿海或内陆湖泊、河流和沼泽地带。单独或集群活动，在浅水处觅食，捕食昆虫、软体动物等及小鱼和植物种子。繁殖期 6 ～ 8 月，每窝通常产卵 4 枚。

分布： ◎济宁；任城区 - 太白湖（宋泽远 20130505）；微山县 - 昭阳村（楚贵元 20130903）。

◎德州，◎（P）东营，◎济南，◎泰安，◎烟台；胶东半岛，（P）鲁东南。

各省（自治区、直辖市）可见。

区系分布与居留类型：［古］（P）。

物种保护： Ⅲ，中日，中澳，2/CMS，Lc/IUCN。

参考文献： H327，M365，Zja335；Lb162，Q140，Qm252，Z236/220，Zx73，Zgm79/91。

记录文献： —；赛道建 2017、2013，纪加义 1987c。

▶ 阔嘴鹬属 *Limicola*

阔嘴鹬普通亚种　Broad-billed Sandpiper *Calidris falcinellus sibirica*（ Dresser ）

同种异名： 宽嘴鹬；—；*Limicola falcinellus*（ Ponto-

ppidan ），*Scolopax falcinellus* Pontoppidan，1763，*Limicola sibirica* Dresser，1876

形态特征： 显著特征是具白色双眉纹，翼角具明显黑色块斑。嘴黑色，基部粗直而先端下弯。贯眼纹黑褐色、眼后不明显，眼上具上细、下粗两道白眉纹，二者在眼前合二而一沿眼先延伸到嘴基。头顶黑褐色。颊和喉淡褐白色，微具褐色纵纹。上体棕褐色，羽具中央黑色斑，白色羽缘形成"V"形白色斑。下体白色，胸具褐色细斑纹。腰及尾中央黑色而两侧白色，飞行时特征明显。冬羽上体灰褐色、羽缘白色，下体斑纹不明显。脚短，绿褐色。与相似种黑腹滨鹬的区别在于眉纹叉开，腿短；与姬鹬的区别在于肩部条纹明显。幼鸟翕、肩和三级飞羽具淡栗皮黄色和白色羽缘。翼上覆羽具宽阔皮黄色羽缘。胸缀皮黄褐色，具暗色细纵纹，两侧不延伸至胁。

阔嘴鹬（李宗丰 20110502 摄于日照市付疃河口）

生态习性： 栖息于湖泊、河流和芦苇沼泽草地及沿海沼泽湿地。在松软泥地上活动和觅食，捕食甲壳类、软体动物、蠕虫、环节动物、昆虫等小型动物，偶尔采食植物种籽。繁殖期 6～7 月，每窝产卵 4 枚，雌雄鸟轮流孵卵。本地虽有分布记录，但无标本、照片实证。

分布： 济宁，南四湖。

◎德州，（P）◎东营，◎日照，（P）泰安、潍坊、烟台、淄博；胶东半岛。

黑龙江、吉林、辽宁、内蒙古、河北、北京、天津、河南、青海、江苏、上海、浙江、江西、福建、台湾、广东、广西、海南、香港、澳门。

区系分布与居留类型：［古］（P）。

物种保护： Ⅲ，中日，中澳，2/CMS，Lc/IUCN。

参考文献： H337，M375，Zja345；Lb181，Q142，Qm254，Z242/225，Zx75，Zgm80/93。

记录文献： —；赛道建 2017、2013，纪加义 1987c。

黑腹滨鹬 Dunlin
Calidris alpina（Vieillot）

黑腹滨鹬（刘子波 20150521 摄于烟台市海阳县凤城）

同种异名：滨鹬，库页小扎，黑腹滨鹬东方亚种；—；
Tringa alpina Linnaeus，1758，*Calilris alpina sakhalina*，
Scolopax sakhalina Vieillot，1816

形态特征：体小，灰色滨鹬。嘴长、黑色，尖端明显向下弯曲。眉纹白色，眼先暗褐色。耳覆羽淡白色具暗色纵纹。头灰褐色，头顶棕栗色具黑褐色纵纹。颏、喉白色。后颈淡褐灰色具黑褐色纵纹，前颈白色微具黑褐色纵纹。上体棕色，背、肩、三级飞羽黑色具栗色宽羽缘而呈明显栗色，有时栗色羽缘外缀有窄的灰色或白色边缘和尖端。下体白色，胸和胸侧黑褐色纵纹显著，腹白色，腹中央有大型黑色斑。腰和尾上覆羽中间黑褐色，两边白色。中央尾羽黑褐色，两侧尾羽灰白色；肛区、尾下覆羽白色。脚绿灰色。冬羽灰褐色，下体白色胸缀灰褐色。飞翔时，白翅斑、腰尾中黑而两侧白色明显。幼鸟眼先和耳区褐色。后颈皮黄褐色。肩、背黑褐色具栗色和皮黄白色羽缘。翼上覆羽褐色具皮黄色或栗色羽缘。下体白色缀皮黄色；前颈和胸具褐色纵纹；腹白色两胁具黑褐色斑点。

生态习性：栖息于湖泊、河流、河口等水域岸边和附近沼泽与草地上。性活跃、善奔跑，单独或成群活动。在浅水处跑跑停停边走边寻觅食，捕食甲壳类、软体动物、蠕虫、昆虫。繁殖期5～8月，每窝通常产卵4枚，雌雄鸟轮流孵卵，孵化期21～22天。早成雏。本地虽有分布记录，但无标本、照片实证。

分布：济宁；微山县 - 微山湖。

◎滨州，（P）◎东营，（P）济南，●青岛，◎日照，◎泰安，◎潍坊，（P）◎威海，◎烟台；（P）胶东半岛，鲁中山地，鲁西北平原，鲁西南平原湖区。

除山西、河南、宁夏、甘肃、贵州、西藏未见记录外，各省（自治区、直辖市）可见。

区系分布与居留类型：［古］（P）。

物种保护：Ⅲ，中日，中澳，2/CMS，Lc/IUCN。

参考文献：H333，M371，Zja339；Lb173，Q140，Qm254，Z238/221，Zx74，Zgm81/92。

记录文献：—；赛道建 1994，张月侠 2015，李久恩 2012，闫理钦 1998a。

10.6 三趾鹑科 Turnicidae（Buttonquails）

▶ **三趾鹑属 *Turnix***

黄脚三趾鹑南方亚种
Yellow-legged Buttonquail
Turnix tanki blanfordii（Blyth）

黄脚三趾鹑（19831019 采于枣林村，张保元提供）

同种异名：地闷子，三爪爬，水鹌鹑，水鸡，田鸡，地牦牛；Indian Buttonquail；—

形态特征：小型棕褐色鹑。嘴黄色、端部黑色。眼先、眼周和颊部、耳羽棕黄色，颊具黑色羽端。头顶、后枕黑褐色，羽缘棕黄色；额至后颈具淡茶褐色或棕黄色中央冠纹。后颈、颈侧具棕红色块斑、缀淡黄色和黑色细小斑点。背、肩、腰和尾上覆羽灰褐色具黑色和棕色细斑纹。颏、喉棕白色或淡黄色，胸橙栗色，下胸、胁浅黄色，胸、胁具显著圆形黑色斑点；腹淡黄色或黄白色。尾灰褐色，甚小。脚黄色，只有三个朝前脚趾，爪黑色。雌鸟似雄鸟，雌鸟枕及背部较雄鸟多栗色。

生态习性：以小群活动于灌木丛、草地、沼泽地及耕作地。采食植物嫩芽、浆果、草籽、谷粒，以及

昆虫等小动物。雌鹌吸引雄鹌并与入侵雌鹌搏斗，交配、产卵后由雄鹌孵卵、育雏，每窝产4枚梨形卵，一只雌鹌拥有几只雄鹌。

分布：（SP）济宁，（SP）任城东郊；微山县 - ●（19831019）鲁桥镇枣林村。

　●滨州，●德州，（S）◎东营，●◎济南，（P）●青岛，●（S）日照，烟台，淄博；胶东半岛，鲁中山地，鲁西北平原，鲁西南平原湖区，山东。

除宁夏、青海、新疆、西藏外，各省（自治区、直辖市）可见。

区系分布与居留类型：〔广〕（P）。

物种保护：无危/CSRL，Lc/IUCN。

参考文献：H242，M116，Zja250；La610，Q102，Qm234，Z171/160，Zx50，Zgm83/68。

记录文献：—；赛道建 2017、2013，纪加义1987b，济宁站 1985。

10.7　燕鸻科 Glareolidae

▶ *燕鸻属 Glareola*

普通燕鸻　Oriental Pratincole
Glareola maldivarum（Forster）

同种异名：燕鸻，土燕子；Eastern Collared Pratincole，Swallow-plover，Large Indian Pratincole；*Glareola pratincola maldivarum* Ali & Ripley，1969，*Glareola maldivarus* Howard & Moore，1984

形态特征：嘴黑色、基部猩红色，喉黄色具明显黑色边缘。上体棕褐色，两翼长、近黑色，翼下覆羽棕褐色，颈胸黄褐色，腹部灰白色。叉形尾黑色，基部及外缘白色，尾上、下覆羽白色。脚黑褐色。冬羽，嘴基无红色，喉斑淡褐色，外缘黑圈不明显并无白色圈。幼鸟头顶暗褐色，羽缘沾棕色；颏、喉棕白色、无黑色环圈。背橄榄灰色具黑褐色和棕白色尖端。肩羽具窄的皮黄白色尖端。尾上覆羽白色具棕色羽端。胸具暗褐色纵纹；下胸淡棕色，腹以下白色。

生态习性：栖息于开阔平原地区的湖泊、河流、农田和沼泽地带。单独或成对、成群活动。在水域上空飞翔，迅速几乎成垂直状落地后，常做短距离的奔跑。多在岸活动觅食，捕食昆虫、甲壳类等小动物。繁殖期5～7月，每窝产卵2～5枚。

分布：（S）●◎济宁，●南四湖；任城区 - 太白湖（宋泽远20130505，张月侠20180618）；微山县 - ●（19840513）鲁桥，●（1958济宁一中）南阳湖，（S）●（1958济宁一中）微山湖，蟠龙河（20170907）。

　●滨州，◎德州，（S）◎东营，（P）菏泽，（S）

普通燕鸻（张月侠 20180618、宋泽远 20130505 摄于太白湖）

临沂，青岛，◎日照，（S）●◎泰安，●◎潍坊，（S）威海，◎烟台，淄博；胶东半岛，鲁中山地，鲁西北平原，鲁西南平原湖区。

除贵州、新疆外，各省（自治区、直辖市）可见。

区系分布与居留类型：〔广〕（S）。

物种保护：Ⅲ，中日，Lc/IUCN。

参考文献：H349，M405，Zja356；La652，Q148，Qm256，Z249/232，Zx59，Zgm83/78。

记录文献：张乔勇2017，朱曦2008，郑作新1987、1976、1955；赛道建 2017、2013，李久恩2012，闫理钦1998a，侯端环1990，纪加义1987c，济宁站 1985。

10.8　鸥科 Laridae（Gulls）

鸥科分属、种检索表

1. 上嘴较下嘴长，先端曲钩状，尾方形 ·· 2

上下嘴约等长，直而尖，尾叉状，外侧尾羽较长 ··· 5

2. 头褐色 ·· 3 彩头鸥属 *Chroicocephalus*
头为其他羽色，白色；嘴黄色或橙黄色 ·································· 4 鸥属 *Larus*

3. 翅长于 310mm，第 I 枚初级飞羽黑褐色、具一近端白色斑 ·············· 棕头鸥 *C. brunnicephalus*
翅短于 310mm，第 I 枚初级飞羽白色、边缘和先端黑色 ················· 红嘴鸥 *C. ridibundus*

4. 尾白色，近尾端具黑色带斑；初级飞羽近黑色，几无白色 ················ 黑尾鸥 *L. crassirostris*
尾纯白色；初级飞羽明显杂有白色，上背、肩、翅内侧深暗色，脚淡肉红色··· 西伯利亚银鸥 *L. smithsonianus vegae*

5. 尾短、叉浅，不及翅长之半；趾间蹼呈深凹状，翼下覆羽白色，喉不具斑 ········· 6 浮鸥属 *Chlidonias*
尾长、叉深，超过翅长之半；趾间蹼非深凹状，嘴形细长、直，不呈弧状，头顶黑色 ········· 7 燕鸥属 *Sternula*

6. 翅灰色，短于 225mm；嘴长于 25mm ··················· 灰翅浮鸥指名亚种 *C. h. hybrida*
翅白色，长于 225mm；嘴短于 25mm ··················· 白翅浮鸥 *C. leucopterus*

7. 翅长＜200mm，初级飞羽羽干 I 枚纯白色，II、III 枚淡褐色 ········· 白额燕鸥 *S. albifrons sinensis*
翅长＞200mm，下体淡灰色或白色，外侧尾羽暗灰色 ··················· 8 普通燕鸥 *S. hirundo*

8. 嘴纯黑色，脚乌褐色 ································· 普通燕鸥东北亚种 *S. hirundo longipennis*
嘴红色仅先端黑色，脚红色 ··· 9

9. 背暗灰色沾褐色，下体葡萄灰色较深浓 ·············· 普通燕鸥西藏亚种 *S. hirundo tibetana*
背灰色，下体淡灰色而沾浅葡萄色 ·················· 普通燕鸥指名亚种 *S. h. hirundo*

▶ 彩头鸥属 *Chroicocephalus*

棕头鸥[*1] **Brown-headed Gull** *Chroicocephalus brunnicephalus*（Jerdon）

同种异名： 一；Indian Black-headed Gull；*Larus brunnicephalus* Jerdon

形态特征： 中等白色鸥。嘴深红色。眼后缘具窄的白色边。头淡褐色，在与白色颈接合处黑色羽缘形成黑色领圈，后颈和喉部明显。肩、背、内侧翼上覆羽和内侧飞羽淡灰色。腰、尾和下体白色。脚深红色。冬羽头、颈白色，眼后具深褐色块斑。脚朱红色。幼鸟翼尖无白色斑，尾尖具黑色横带。

生态习性： 繁殖于高山湖泊、水塘、河流和沼泽地带，栖息于海岸、港湾、河口及湖泊、大河。成群活动，追随鸬鹚、鱼鸥寻找食物，捕食鱼、虾、软体动物、甲壳类和昆虫。5 月中旬产卵，每窝产卵 3～4 枚，雄雌交替孵卵觅食，孵化期为 24～26 天。早成雏。本地虽有分布记录，但无标本、照片实证。

分布： 济宁；微山县 - 微山湖。

◎东营，（P）山东。

内蒙古，河北，北京，天津，陕西，甘肃，青海，新疆，浙江，四川，云南，西藏，香港。

区系分布与居留类型： ［古］（P）。

物种保护： III，Lc/IUCN。

参考文献： H364，M423，Zja372；Q152，Qm259，Z258/240，Zgm85/98。

记录文献： 一；赛道建 2017、2013，张月侠 2015，李久恩 2012。

棕头鸥（赵格日乐图 20190714 摄于内蒙古鄂尔多斯伊金霍洛旗）

红嘴鸥 **Black-headed Gul** *Chroicocephalus ridibundus*（Linnaeus）

同种异名： 笑鸥、钓鱼郎，普通海鸥，赤嘴鸥；Laughing Gull，Common Black-headed Gull；*Larus ridibundus* Swinhoe，1863，*Larus slesvicensis* Brinckmann，1917

形态特征： 中型灰色、白色鸥。嘴暗红色，先端黑色。眼后缘白色斑星月形。颏中央白色。头至颈上部咖啡褐色，羽缘微沾黑色。体羽大部分偏白色，颈

[*1] 南四湖分布记录首见于李久恩（2012），山东有分布记录，但南四湖地区分布无标本与照片物证，需要调查确证。

红嘴鸥（韩汝爱 20100407 摄于独山湖）

下部、上背、肩白色，下背、腰及翼上覆羽淡灰色。尾上覆羽和尾白色。脚鲜红色，爪黑色。冬羽头颈白色，眼后具半月形黑色斑。脚红色。幼鸟尾白色、尖端具黑色横斑，次级飞羽横斑黑色，体羽杂褐色斑。比棕头鸥体型较小，翼前缘白色明显，翼尖黑色几乎无白色点斑。

生态习性： 栖息于湖泊、河流、水库、河口、渔塘、海滨和沿海沼泽地带。常成群活动，或与其他海洋鸟类混群捕食，捕食鱼、虾、昆虫、甲壳类、软体动物等，以及小动物尸体、食物残渣。繁殖期4～6月，每窝通常产卵3枚，雌雄鸟轮流孵卵，孵化期20～26天。

分布： ●（S）◎济宁，●（S）南四湖（楚贵元20100313）；任城区-太白湖（20160224、20181204，宋泽远20121104，王利宾20160220），洸府河（20170909）；微山县-独山湖（20151209，张月侠20151209，韩汝爱20100407、20110313），两城（陈保成20100324，於德金20100319），●（19830501）鲁桥，●（1958济宁一中，19590301山东师大）南阳湖，南阳湖农场（20170310），●（1958济宁一中）微山湖，尹家河（张月侠20151207），鱼种场（於德金20140309）。

●◎滨州，（S）◎东营，（W）◎济南，（P）●◎青岛，（W）◎日照，（SW）●◎泰安，◎潍坊，（W）◎威海，◎烟台，◎淄博；胶东半岛，鲁中山地，鲁西北平原，鲁西南平原湖区。

各省（自治区、直辖市）可见。

区系分布与居留类型： ［古］R（SWP）。

物种保护： Ⅲ，中日，Lc/IUCN。

参考文献： H363，M424，Zja371；Lb222，Q152，Qm259，Z257/238，Zx78，Zgm85/98。

记录文献： 朱曦2008；赛道建2017、2013，李久恩2012，宋印刚1998，闫理钦1998a，纪加义1987c，济宁站1985。

▶ 鸥属 *Larus*

黑尾鸥 Black-tailed Gull
***Larus crassirostris*（Vieillot）**

同种异名： 钓鱼郎，海猫子；Japanese Gull，Temmink's Gull；—

形态特征： 中型鸥。嘴黄色，先端红色，次端斑黑色。眼睑朱红色。背和两翅暗灰色；翅上初级覆羽黑色，其余覆羽暗灰色，大覆羽先端灰白色。头、颈、腰和尾上覆羽及整个下体白色。尾基部白色，端部黑色且具白色端缘。脚绿黄色，爪黑色。冬羽头顶、颈背具深色斑。Ⅰ龄体褐色具灰色羽缘，嘴粉红端部黑色，尾黑褐色，尾上覆羽白色。Ⅱ龄头颈白色沾灰色，翼尖褐色，褐色尾具黑色次端斑。脚绿黄色。

黑尾鸥（陈保成 20050310 摄于韩庄）

生态习性： 栖息于海岸沙滩、悬崖、草地及邻近湖泊、河流和沼泽地带。成群活动觅食，捕食上层鱼类及虾、软体动物和昆虫等。繁殖期4～7月，每窝产卵通常2枚，雌雄鸟轮流孵卵，孵化期为25～27天。晚成雏。

分布：（S）◎济宁，（S）南四湖；微山县-微山湖，韩庄（陈保成20050310）。

（S）●◎东营，◎莱芜，（S）●青岛，◎日照，（SR）◎威海，●◎烟台；胶东半岛，鲁西北平原，鲁西南平原湖区。

黑龙江，吉林，辽宁，内蒙古，河北，北京，天津，山西，宁夏，甘肃，江苏，上海，浙江，江西，湖南，湖北，四川，云南，福建，台湾，广东，广西，海南，香港，澳门。

区系分布与居留类型:〔古〕R*¹（SW）。

物种保护: Ⅲ，Lc/IUCN

参考文献: H355，M413，Zja363；Lb202，Q148，Qm261，Z251/234，Zx76，Zgm87/95。

记录文献: —；赛道建2017、2013，李久恩2012，闫理钦1998a，纪加义1987c，济宁站1985。

西伯利亚银鸥普通亚种　Siberian Gull
Larus smithsonianus vegae（Palmen）

同种异名: 织女银鸥，银鸥，银鸥普通亚种，红脚银鸥；Vega Gull，Herring Gull，Pind-legged Herring Gull，Pacific Herring Gull，Yellow-legged Gull；*Larus vegae* Palmen，*Larus argentatus vegae* Palmen

形态特征: 体大，灰色鸥。上嘴较下嘴长，先端曲成钩状，下嘴具红色点斑。头白色。上体非黑色，体羽变化灰色至深灰色，偏蓝色；背、肩、翅内侧覆羽暗色较浓。下体白色。尾纯白色。脚淡肉红色，后趾发达。冬羽头及颈背具深色纵纹，纵纹并及胸部。Ⅰ龄黑褐色，头、颈、体具灰褐色斑点或羽缘。Ⅱ龄尾基、前额、下体白色。

西伯利亚银鸥（赛道建20121226摄于威海市环翠区猫头山）

生态习性: 栖息港湾、海岸、岩礁与岛屿及宽阔河流、湖泊等处。喜结群活动，或近水面滑翔，善游泳，常停于突出物上。尾随渔船捡拾残食，或啄食滩地底栖动物，杂食性。繁殖期4～7月。每窝通常产卵2～3枚。雌雄鸟轮流孵卵，孵化期25～27天。本地虽有分布记录，但无标本、照片实证。

分布:（R）济宁，（R）南四湖。

●◎滨州，（RS）◎●东营，（R）菏泽，（P）●青岛，（W）日照，泰安，潍坊，（P）◎威海，◎烟台，◎淄博；胶东半岛，鲁中山地，鲁西北平原，鲁

---

*¹ 黑尾鸥不仅在荣成沿海的海驴岛上繁殖，而且冬季在沿海不同地方拍到该鸟照片，故为留鸟。

西南平原湖区。

除宁夏、青海、西藏外，各省（自治区、直辖市）可见。

区系分布与居留类型:〔古〕（RPW）。

物种保护: Ⅲ，日。

参考文献: H357，M420，Zja365；Lb210，Q150，Qm262，Z254/236，Zx77，Zgm96。

记录文献: 朱曦2008；赛道建2017、2013，宋印刚1998，闫理钦1998a，纪加义1987c，济宁站1985。

▶ **燕鸥属** *Sternula*

白额燕鸥普通亚种　Little Tern
Sternula albifrons sinensis（Gmelin）

同种异名: 小燕鸥，小海燕，长翅海燕；Chinese Little Leas Tern，Saunder's Tern，Eastern Little Tern；*Sterna sinensis* Gmelin，1789（Ogilvie-Grant，LaTouche 1907），*Sternula sinensis*（Swinhoe 1863），*Sterna minuta* Linnaeus，1758（Cassin 1862）

形态特征: 体小浅色燕鸥。夏季嘴黄色、尖端黑色。上嘴基沿眼先上方达眼和额部白色，头顶至枕及后颈黑色；眼先、贯眼纹黑色，在眼后与头枕部黑色相连；眼以下头侧、颈侧白色。背、肩、腰淡灰色。翼上覆羽灰色与背同色。颏、喉及整个下体包括腋羽和翼下覆羽全白色。尾上覆羽和尾羽白色。脚橙黄色。冬羽嘴黑色，枕黑色，顶部白色杂有黑色。脚黄色。幼鸟嘴暗淡，头顶、上背具褐色杂斑。

白额燕鸥（赛道建20140807摄于太白湖）

生态习性: 栖息于沿海、岛屿、河口和近海无人岛礁处。成群与其他燕鸥混群活动。觅食方式为水面捕捉或潜入水中追捕。捕食鱼、虾、水生昆虫等。繁殖期5～7月，每窝产卵2～3枚，雌雄鸟轮流孵卵，

夜鹭（杜文东 20180715 摄于太白湖）

5 枚，雌雄鸟共同孵卵，以雌鸟为主，孵化期 21～22 天。晚成雏。

分布： ● ◎（S）济宁，● 南四湖（楚贵元 20080601）；任城区 - 太白湖（20140807、20160411、20160723、20170613、20180326，宋泽远 20120503，张月侠 20160405、20160504、20170429、20170613、20181002，杜文东 20180715），南阳湖农场（张月侠 20170613）；曲阜 - ◎（S）三孔曲阜，孔林（20140803，孙喜娇 20150423）；微山县 - 爱湖（20160725，张月侠 20160609），欢城下辛庄（张月侠 20180617），蒋集河（20170614，张月侠 20160610），●（1958 济宁一中）两城，蟠龙河（20170907、20180815，吕艳 20180815），● 微山湖国家湿地（20160222、20160725、20170614，张月侠 20160502、20161209、20170401、20170501、20170614，宋菲 20140401，华宏立 20160310），微山岛（20180908），●（1958 济宁一中）微山湖（20170805，赵令 20140428、於德金 20120408、20150512，徐炳书 20100417、20081224、20090601，吕艳 20180816），薛河（韩汝爱 20090114、20101117），鱼种场（20170614，张月侠 20160610、20170614，李新民 20150904），昭阳湖（20170805）；鱼台县 - 鹿洼煤矿塌陷区（张月侠 20160613、20180621），梁岗（20160409），东渡口（张月侠 20180617）。

◎ 滨州，（S）◎ ◆ 东营，（S）● ◎ 济南，◎ 莱芜，● ◎ 青岛，◎ 日照，◎ 泰安，（S）◎ 潍坊，◎ 烟台，淄博；胶东半岛，鲁中山地，鲁西北平原，鲁西南平原湖区。

各省（自治区、直辖市）可见。

区系分布与居留类型：［广］R（SR）。
物种保护： Ⅲ，无危 /CSRL，中日，Lc/IUCN。
参考文献： H49，M547，Zja51；La316，Q21，Qm196，Z28/27，Zx14，Zgm108/13。

记录文献： 朱曦 2008；赛道建 2017、2013，孙太福 2017，张月侠 2015，闫理钦 2013，李久恩 2012，杨月伟 1999，纪加义 1987a，济宁站 1985。

▶ *绿鹭属 Butorides*

绿鹭黑龙江亚种　Striated Heron
Butorides striata amurensis（Schrenck）

同种异名： 绿蓑鹭，绿鹭鸶，打鱼郎；Green-backed Heron，Little Green Heron；*Ardea striata* Linnaeus 1758，*Ardea javanica* Horsfield 1821

形态特征： 深灰色鹭。嘴灰色而下嘴边缘黄色。眼下纵纹绿黑色。额、头顶及冠羽绿黑色而具金属光泽。颊及耳羽浅灰色。颏及喉白色。后颈及颈侧灰色。背及两肩部狭长矛状羽铜绿色而具光泽。胸及胁灰色；腹部灰白色。腰、尾上覆羽黑灰色；尾下覆羽灰白色而杂有褐色斑点。跗蹠与趾黄绿色；爪黑褐色。雌鸟似雄鸟。铜绿色稍淡且辉亮较差；白色部分微沾棕色；喉部具浅灰色斑点。

绿鹭（赛道建 20140804 摄于沂河，陈忠华 20150912 摄于济南泉城公园西门）

生态习性： 喜栖息于山区沟谷溪流、河流、湖泊、水库林缘与灌木草丛中，性孤独，单只或成对活动。主要在黄昏或夜间觅食，主要捕食小鱼、蛙、螺类和昆虫等。繁殖期 5～6 月，每窝产卵多固定为 5 枚，孵卵由雌雄亲鸟轮流承担，孵化期 20～22 天。

分布： ◎ 济宁；曲阜 - 沂河（20140804）。

滨州，◎ 东营，（S）● 菏泽，◎ 济南，（S）青岛，◎ 日照，● ◎ 潍坊，（S）威海，◎ 烟台，淄博；胶东半岛，鲁中山地，鲁西北平原，鲁西南平原湖区。

黑龙江，吉林，辽宁，内蒙古，河北，北京，江苏，上海，浙江，福建，广东，广西，香港，澳门。

区系分布与居留类型：［广］（S）。

物种保护： Ⅲ，无危 /CSRL，中日，Lc/IUCN。

参考文献： H40，M546，Zja42；La324，Q16，Qm197，Z21/20，Zx14，Zgm109/13。

记录文献： —；赛道建 2017、2013，闫理钦 2013，纪加义 1987a。

▶ 池鹭属 *Ardeola*

池鹭　Chinese Pond Heron
Ardeola bacchus（Bonaparte）

同种异名： 红毛鹭，沼鹭，红头鹭鸶，沙鹭，花鹭鸶，花洼子；—；*Ardeola prasinosceles* Swinhoe，*Ardeola schistaceus fohkienensis* Caldwe

形态特征： 嘴黄色而尖端黑色，基部与脸颊黄绿色。头顶及冠羽、颈、胸部栗红色，背具蓝黑色长蓑羽，胸部紫栗色，喉部与腰、腹、翅、尾均白色。腿脚暗黄色。冬羽头颈胸白色，具黄褐色纵纹，背暗褐色。幼体背褐色而腹白色，颈胸具明显暗褐纵纹。

池鹭（韩汝爱 20090618 摄于薛河，陈保成 20150516 摄于昭阳村，吕艳 20180816 摄于微山湖）

生态习性： 栖息于稻田、池塘、湖泊等水域附近，单独或小群活动。在浅水处涉水觅食，捕食蛙、鱼、泥鳅、虾蟹、螺、昆虫，以及蛇类、小型啮齿类。繁殖期 3～7 月，每窝产卵 2～6 枚，雌雄鸟共同孵卵，育雏期 30～31 天。晚成雏。

分布： ●◎济宁，●南四湖（楚贵元 20080519）；任城区 - 太白湖（20140807、20160723、20170613、20170911、张月侠 20170429、宋泽远 20130727），洸府河石佛（20161003），小口门辛店（20170613）；嘉祥 - 纸坊；梁山县 - 魏庄（葛强 20150501）；曲阜 -（S）曲阜、沂河公园（20140804），孔林（20140803），孔林、孟庙（李海军 20130711），（PS）三孔；泗水县 -

●（19830906）泉林；微山县 - 爱湖村（20160725，张月侠 20170430、20160609、20170503），独山湖（20160724，赵令 20140315），高楼湿地（20170908），欢城下辛庄（20170614，张月侠 20170430、20170614），●（1958 济宁一中）两城，南阳岛（张月侠 20170503、20180620），蟠龙河（20170907），微山湖国家湿地（20170614、20170805，张月侠 20160610、20170614，李捷 20151027），微山岛（20180908），●（1958 济宁一中）微山湖（20160725，孙涛 20170805，吕艳 20180816），赵令 20150831，张建 20130907，徐炳书 20080814、20090602），新河师庄（20170613），新挑河（20170613），徐庄湖上庄园（20170614），薛河（韩汝爱 20090618），鱼种场（20170614、20190907，赵令 20141012，张月侠 20170501、20180619），运河（吕艳 20180815），昭阳村（陈保成 20150516），昭阳湖（20170805）；鱼台县 - 惠河（20170612），梁岗（20160409），王鲁桥（张月侠 20170502），西支河（20170611），夏家（张月侠 20150503、20150618、20160505、20160613、20180621）。

◎滨州，◎德州，（S）◎◆东营，（S）◎菏泽，（S）●◎济南，◎聊城，（S）◎临沂，◎莱芜，◎青岛，◎日照，（S）●◎泰安，（S）◎潍坊，◎威海，◎烟台，淄博；胶东半岛，鲁中山地，鲁西北平原，鲁西南平原湖区。

除黑龙江外，各省（自治区、直辖市）可见。

区系分布与居留类型：［广］（S）。

物种保护： Ⅲ，无危 /CSRL，Lc/IUCN。

参考文献： H41，M545，Zja43；La328，Q18，Qm197，Z23/21，Zx13，Zgm109/12。

记录文献： —；赛道建 2017、2013，孙太福 2017，张月侠 2015，闫理钦 2013、1998a，李久恩 2012，杨月伟 1999，王友振 1997，纪加义 1987a，济宁站 1985。

▶ 牛背鹭属 *Bubulcus*

牛背鹭普通亚种　Cattle Egret
Bubulcus ibis coromandus（Boddaert）

同种异名： 黄头鹭，畜鹭，放牛郎；Buff-hacked Heron；*Ardea ibis* Linnaeus，*Cancroma coromanda* Boddaert，*Buphus coromandus* Swinhoe

形态特征： 中型涉禽，体较肥胖，嘴和颈较其他鹭短粗。嘴黄色。眼先、眼周裸露皮肤黄色。头、颈部橙黄色，前颈基部和背中央具橙黄色长形饰羽，羽

牛背鹭（韩汝爱 20150517 摄于薛河，於德金 20160524 摄于微山湖）

支分散呈发状；前颈饰羽长达胸部，背部饰羽向后长达尾部。其余体羽和尾白色。跗蹠和趾黑色。冬羽通体全白色，头顶少许橙黄色，无发状饰羽。

生态习性： 栖息于草地、牧场、湖泊、池塘附近。常伴随牛活动。捕食昆虫、蜘蛛、蛙等小动物。繁殖期4～7月，每窝产卵4～9枚，雌雄亲鸟轮流孵卵，孵化期21～24天。

分布： ●（S）◎济宁，●南四湖；任城区-太白湖（20140807、20170613，杜文东20180513，张月侠20180618），洸府河（宋泽远20120603），小口门辛店（20170613）；曲阜-（S）◎三孔；微山县-●（1958济宁一中）两城，微山湖国家湿地公园（李新民20150531，张月侠20170501），●（1958济宁一中）微山湖（於德金20160524，徐炳书20110508），薛河（韩汝爱20150517），昭阳村（陈保成20100511）；鱼台县-惠河（20170612），西支河（20170612，张月侠20170612）。

滨州，◎德州，◎◆◎东营，（S）◎济南，◎莱芜，◎日照，◎泰安，●◎潍坊，（S）◎威海，◎烟台，◎枣庄；胶东半岛，鲁中山地，鲁西北平原，鲁西南平原湖区。

除宁夏、新疆外，各省（自治区、直辖市）可见。

区系分布与居留类型：［广］（S）。

物种保护： Ⅲ，无危/CSRL，中日，中澳，3/CITES，Lc/IUCN。

参考文献： H42，M544，Zja44；La331，Q18，Qm197，Z26/22，Zx12，Zgm110/12。

记录文献： —；赛道建2017、2013，孙太福2017，张月侠2015，闫理钦2013，李久恩2012，纪加义1987a，柏玉昆1982。

▶ 鹭属 Ardea

苍鹭普通亚种　Grey Heron
Ardea cinerea jouyi（Clark）

同种异名： 灰鹭，青庄，老等，灰鹭鸶；—；*Ardea rectirostris* Gould，1843

形态特征： 大型涉禽。头、颈、脚和嘴均长，身体显得细瘦。嘴黄色；眼先裸露部分黄绿色。头顶两侧、枕部及羽冠黑色，4根细长冠羽位于头顶枕部两侧，辫状。头和颈苍灰色，颏喉白色。前颈中部有2～3列纵行黑色斑。上体背至尾上覆羽苍灰色，两肩、颈基部具披针形矛状羽灰白色，下垂于胸前，羽端分散。胸、腹部白色，前胸两侧各有一块紫黑色大斑，两斑沿胸、腹两侧向后延伸至肛周处汇合；两胁微缀苍灰色。尾羽暗灰色。脚部羽毛白色。跗蹠和趾黄褐色或深棕色，爪黑色。幼鸟似成鸟。头颈灰色较浓，背微缀有褐色。

苍鹭（徐炳书20151015摄于微山湖，宋泽远20121124摄于太白湖）

生态习性： 栖息于河流、湖泊、海岸等水域岸边及浅水处。晨昏觅食活跃。捕食小型鱼类、蜥蜴、蛙和虾、昆虫等小动物。繁殖期为4～6月，每窝产卵3～6枚，雌雄鸟共同孵卵，孵化期25天左右。晚成雏。

分布： ●（R）◎济宁，●（R）南四湖（楚贵元20090118）；任城区-太白湖（20160224、20160723、20170309，宋泽远20121124，吕艳20180816，杜文东20180513，张月侠20180123、20181002），洸府河（20171215）；微山县-爱湖（20160725），●（19831002、19831128）鲁桥，●（1958济宁一中）两城，●（19850303）南阳湖，微山湖国家湿地（20160222、20170614，张月侠20161209，华宏立20151025，李阳20160213），●（1958济宁一

中）微山湖（20160725，徐炳书 20151015），鱼种场（20151211、20161209、20170907、20181007，张月侠 20161209、20180125，於德金 20141026、20150301、20151016，宋菲 20141012，吕艳 20180815），枣林（20170307），高楼湿地（沈波 20151016，陈保成 20160916）；鱼台县 - 夏家（20160409，张月侠 20160409、20160505、20170502）。

◎滨州，◎德州，（S）◎●东营，（S）菏泽，（R）◎济南，（S）聊城，临沂，◎莱芜，◎青岛，◎日照，（S）●泰安，（S）威海，（W）●◎烟台，◎淄博；胶东半岛，鲁中山地，鲁西北平原，鲁西南平原湖区。

除新疆外，各省（自治区、直辖市）可见。

区系分布与居留类型：［广］R（RS）。

物种保护： Ⅲ，无危 /CSRL，Lc/IUCN。

参考文献： H38，M539，Zja39；La337，Q17，Qm198，Z19/18，Zx9，Zgm110/10。

记录文献： 朱曦 2008；赛道建 2017、2013，张月侠 2015，闫理钦 2013、1998a，李久恩 2012，宋印刚 1998，纪加义 1987a，济宁站 1985。

草鹭普通亚种　Purple Heron
Ardea purpurea manilensis（Meyen）

同种异名： 紫鹭，黄庄，花窖马，长脖老；—；*Phoyx purpurea ussuriana* Shulpin，1928

形态特征： 大型涉禽，栗红色鹭。嘴暗黄色，嘴峰角褐色。眼先裸露部黄绿色，颏、喉白色。蓝黑色头顶具 2 枚黑色饰羽。栗色颈侧具蓝黑色纵纹，胸前矛状饰羽银灰色，飞羽黑色。背、腰和尾覆羽灰褐

草鹭（聂成林 20080628 摄于辛店，宋泽远 20130505 摄于太白湖）

色。胸和上腹中央基部棕栗色，羽先端蓝黑色；下腹蓝色，胁灰色，腋羽红棕色。尾暗褐色，具绿色金属光泽。腿部被羽，腿覆羽红棕色，胫裸露部和脚后绿黄色，前缘赤褐色。幼鸟额、头顶黑色无羽冠。背、肩和翼上覆羽暗褐色，具赤褐色宽羽缘，胸黄褐色具暗褐色纵纹。

生态习性： 栖息于平原和丘陵地带，以及湖泊、河流、沼泽等岸边浅水处。单独或小群活动。在浅水处低头静观水面、等候鱼类，捕食小鱼、蛙、蜥蜴、甲壳动物、蝗虫和水生动物等。繁殖期 5～7 月，每窝产卵 3～5 枚，孵化期 27～28 天。晚成雏。

分布： ●（SP）济宁，●（SP）南四湖；任城区 - 太白湖（20160723、20170613、20170911，张月侠 20160504、20160613、20170429、20170613、20180123，王利宾 20140705，李强 2012 春，宋泽远 20130505），辛店（20170613，聂成林 20080628），南阳湖农场（20170310、20170614）；微山县 - 爱湖（20160725），高楼湿地（20160725、20170805、20170908），●（19831002）鲁桥，欢城下辛庄（张月侠 20180619），●（1958 济宁一中）两城，●（1958 济宁一中）微山湖（20170805，孙涛 20170805，徐炳书 20120509），昭阳湖（20170805），微山湖国家湿地（张月侠 20180619）；鱼台县 - 鹿洼煤矿（张月侠 20150619），夏家（张月侠 20180621）。

◎滨州，（S）◎◆东营，（S）菏泽，（S）◎济南，聊城，（P）◎青岛，◎日照，（S）●◎泰安，◎烟台；胶东半岛，鲁西北平原，鲁西南平原湖区。

除青海、新疆、西藏外，各省（自治区、直辖市）可见。

区系分布与居留类型：［广］（SP）。

物种保护： Ⅲ，中日，Lc/IUCN。

参考文献： H39，M541，Zja40；La340，Q16，Qm198，Z20/19，Zx9，Zgm111/10。

记录文献： —；赛道建 2017、2013，闫理钦 2013，李久恩 2012，纪加义 1987a，济宁站 1985。

大白鹭普通亚种　Great Egret
Ardea alba modesta（J. E. Gray）

同种异名： 白漂鸟，白长脚鹭鸶，冬庄，雪客，风漂公子，白老冠；Great White Egret；*Egretta alba*，*Casmerodius albus*（Linnaeus），*Area modesta* J. E. Gray1931.

形态特征： 大中型涉禽。通体乳白色。嘴黑色（夏）或黄色（冬）、基部黑绿色，嘴角有一条黑线达眼后。眼圈皮肤、眼先裸露部分黑色；头有短小羽冠。肩及肩间着生羽支纤细分散的长而直的蓑羽，后

大白鹭（杜文东 20180729 摄于太白湖，沈波 20160417 摄于微山湖国家湿地公园）

伸超过尾端。胫裸露部分淡红灰色，跗蹠和趾黑色。冬羽嘴黄色，眼先裸露部分黄绿色。头无羽冠，背无蓑羽。幼鸟似成鸟冬羽，嘴淡黄色。

生态习性： 栖息于河流、湖泊、水田，以及海滨、河口沼泽地带。站立时头缩于背肩部呈驼背状。在浅水处涉水觅食，捕食鱼类、蛙、蝌蚪和蜥蜴，以及昆虫和甲壳类、软体动物等。繁殖期 4～7 月，每窝产卵 3～6 枚，雌雄鸟共同孵卵，孵化期约 28 天。晚成雏。

分布： ◎济宁；任城区 - 太白湖（20140807、20151208、20160224、20160723、20170613、20181204，张月侠 20151209、20170613，宋泽远 20130223，杜文东 20180729），南阳湖农场（20170310、20170614、20180326），小口门辛店（20170613），洸府河（20171215）；嘉祥 - 洙赵新河（20140806）；曲阜 - 泗河（马士胜 20150927）；微山县 - 爱湖码头（张月侠 2018126），●（19590401 山东师大）南阳湖，◎微山湖（20170805，孙涛 20170805），微山湖国家湿地公园（20170805，沈波 20160417），高楼湿地（20170908），蒋集河（20170614），鲁桥枣林（20170307），蟠龙河（20170907），幸福河（20171215），鱼种场（20170907、20181007），袁洼（张月侠 20170429），昭阳村（20170306，陈保成 20150902），昭阳湖（20170805）；鱼台县 - 万福河（20161002），西支河（张月侠 20170612）。

◎滨州，◎德州，（S）◎东营，（S）◎菏泽，（R）◎济南，◎莱芜，青岛，◎日照，泰安，◎潍坊，（S）◎威海，◎烟台，◎枣庄；胶东半岛，鲁中山地，鲁西北平原，鲁西南平原湖区。

吉林，辽宁，内蒙古，河北，北京，天津，河南，安徽，江苏，上海，浙江，江西，湖南，湖北，贵州，云南，西藏，福建，台湾，广东，海南，香港，澳门。

区系分布与居留类型：［广］R（S）。

物种保护： Ⅲ，无危 /CSRL，3/CITES，中日，中澳，Lc/IUCN。

参考文献： H44，M542，Zja45；La344，Q18，Qm198，Z24/23，Zx10，Zgm111/10。

记录文献： —；赛道建 2017、2013，闫理钦 2013、1998a，李久恩 2012，纪加义 1987a。

中白鹭指名亚种　Intermediate Egret Ardea intermedia intermedia（Waglar）

同种异名： 舂（chōng）锄，白鹭鸶；—；Egretta intermedia Wagler，Herodias plumiferus Gould，Herodias brachyrhynchus Brehm，Mesophoyx intermedia Mathew，Ardea intermedia Waglar 1829

形态特征： 中型鹭类。嘴黄色而嘴峰、嘴尖黑色，眼先裸露皮肤绿色。体羽白色；背部染黄色，背部蓑羽羽轴较硬、向后伸达尾端；前颈蓑羽短小，羽枝较软而纤细离散，向后垂达腹部或肛门附近；羽轴由基部至尖端明显变小。腿被羽，脚和趾黑色。羽体白色，无蓑羽，脸裸露部分黄色，嘴具黄色钩，尖端黑色，基部稍带褐色。幼鸟似成鸟冬羽，无蓑羽。

中白鹭（赛道建 20170614 摄于微山湖国家湿地公园）

生态习性： 栖息于河流、湖泊、季节性泛滥的沼泽地、浅滩、海边和岸边浅水滩上。警戒性强。在浅水处涉水觅食或静立水边等待猎物，捕食鱼、蛙、虾、昆虫、小蛇和蜥蜴等。繁殖期 4～6 月，每巢产卵 3～6 枚，雌雄鸟共同孵卵，孵化期 12～16 天。晚成雏。

分布：◎济宁，任城区 - 太白湖（20140807、20160723，王秀璞 20160224）；微山县 - 微山湖（20170805，孙涛 20170805，颜景勇 20080423，吕艳 20180816），微山湖国家湿地公园（20170614），昭阳湖（20170805）；鱼台县 - 西支河（20170612）。

（S）◎菏泽，◎济南，●莱芜，◎青岛，◎日照，（S）●◎泰安，威海，●◎烟台；胶东半岛。

辽宁、河北、北京、河南、陕西、甘肃、安徽、江苏、上海、浙江、江西、湖南、湖北、四川、重庆、贵州、云南、西藏、福建、台湾、广东、广西、海南、香港、澳门。

区系分布与居留类型：［广］R（SP）。

物种保护：Ⅲ，无危 /CSRL，中日，Lc/IUCN。

参考文献：H48，M543，Zja49；La349，Q20，Qm199，Z27/26，Zx11，Zgm111/11。

记录文献：—；赛道建 2017、2013，闫理钦 2013，李久恩 2012，纪加义 1987a。

▶ 白鹭属 *Egretta*

白鹭指名亚种　Little Egret
***Egretta garzetta garzetta*（Linnaeus）**

同种异名：小白鹭，鹭鸶，白鹭鸶，春锄；—；*Ardea garzetta* Linnaeus，*Herodias garzetta* Swinhoe

形态特征：白色体小鹭。嘴黑色、基部绿黑色，脸部裸露皮肤繁殖期淡粉色。成鸟全身羽纯白色。头有短小羽冠，枕部着生两条辫状、狭长而矛状软羽，颈背具细长饰羽。肩部着生成丛长蓑羽，向后伸展常超过尾羽尖端，蓑羽羽干基部强硬，羽端渐小，羽枝纤细离散。胸前着生蓑羽。胫裸露部分淡灰色，腿及

白鹭（李阳 20160312 摄于微山湖国家湿地公园，陈保成 20141001 摄于昭阳村）

脚黑色，趾黄色。冬羽无饰羽，眼先黄绿色。幼体体态纤瘦，乳白色。

生态习性：栖息河流、湖泊、水田、沼泽、海边和水塘岸边浅水处。单独、成对或成小群活动。捕食小鱼、蛙、虾、昆虫等。繁殖期 5～7 月，每窝产卵 2～4 枚，雌雄鸟共同孵卵，孵化期为 23～26 天。晚成雏。

分布：●◎济宁，●南四湖（陈保成 20080913、20090527、20090823）；任城区 - 太白湖（20151209，20140807、20160723、20170613、20180326，宋泽远 20140407，张月侠 20160504、20160611、20170613、20170429、20180618，王利宾 20140705），洸府河石佛（20161003），洸府河（20171215），南阳湖农场（20161212、20170310、20170614、20180326，张月侠 20170613），小口门辛店（20170613）；嘉祥 - 洙赵新河（20140806、20161002）；曲阜 -（S）曲阜，孔林（20140803），（S）孔庙，（S）三孔[*1]，沂河公园（20140804）；微山县 - 爱湖薛河（20170305、20180126），陈庄（王利宾 20130622），高楼湿地（20161210、20180324），南阳湖农场（张月侠 20170613），蟠龙河（20170907），微山湖国家湿地公园（20160725、20170614，张月侠 20160502、20161209、20170401、20170501、20170614，李阳 20160205、20160306、20160312、20150904），泗河（20160724，李捷 20151027），泗河零界点（张月侠 20170613），●（1958 济宁一中）微山湖（20170805，陈保成 20080913、20090527，赵迈 20150601、20141013，张建 20100415、20100520，於德金 20150825，华宏立 20150823、20150923，徐炳书 20080904，吕艳 20180816），薛河（韩汝爱 20100503），鱼种场（20161209、20170308、20170613、20170907、20181007，张月侠 20160404、20160910、20161209、20170402、20170501、20180126、20180619，於德金 20131006、20140303、20141006、20141109、20150109、20150117、20150205、20150524、20150825，宋菲 20150630），昭阳村（20170306，陈保成 20141001，楚贵元 20100829），昭阳湖（20170805），欢城下辛庄（张月侠 20180619）；鱼台县 - 梁岗（20160409、20160613、20170403），鹿洼（张月侠 20170615），万福河（20161002），夏家（20160409，张月侠 20150503、20170403、20180621），西支河（20170611、张月侠 20180617）。江苏沛县 - 沿湖湿地（20180126）◎滨州，（S）◆◎东营，（S）◎菏泽，（S）●◎济南，（S）◎聊城，（S）◎临沂，◎莱芜，◎青岛，

---

*1　三孔，即位于曲阜的孔林、孔府、孔庙。

201601）康驿镇（1月在康驿镇救助后，送到济宁市南郊动植物园驯养，齐鲁晚报 20160107，宋泽远 20160117）。

●德州，◎东营，（P）菏泽，（W）日照，▲●烟台；山东，胶东半岛，鲁中山地，鲁西北平原，鲁西南平原湖区。

各省（自治区、直辖市）可见。

区系分布与居留类型：［古］（PW）。

物种保护：Ⅱ，易危 /CSRL，V/CRDB，2/CITES，Nt/IUCN。

参考文献：H155，M472，Zja160；La473，Q62，Qm208，Z105/98，Zx35，Zgm117/35。

记录文献：—；赛道建 2017、2013，纪加义 1987b。

▶ **鹛属 Clanga（Aquila）**

乌鹛*¹ Greater Spotted Eagle
Clanga clanga（Pallas）

同种异名：花鹛，小花皂鹛，大斑雕；—；Aquila clanga Pallas

形态特征：中大型猛禽。嘴黑色，基部色浅淡，蜡膜黄色。鼻孔圆形。头颊、喉和胸黑褐色。通体暗褐色，背、肩、腰和尾上覆羽黑褐色，背微缀紫色光泽。下体稍淡，覆腿羽和尾下覆羽淡黄褐色。尾短而圆，黑褐色，具不明显栗褐色横斑和淡色端斑，基部因尾上覆羽白色或端部白色而呈"V"形白色斑和白色端斑。体羽随年龄及不同亚种而有变化。脚黄色，爪黑褐色。雌鸟似雄鸟，但形体较大。幼鸟色淡，背和翼上具明显白色斑点。

生态习性：栖息于平原地区、草原和湿地（如河流、湖泊和沼泽地带）的疏林和森林。性孤独。在空

乌鹛（张永，田穗兴摄于内蒙古）

---

*¹ 南四湖分布记录首见于李久恩（2012），山东有分布，但南四湖分布记录无标本与照片实证。

中盘旋觅食，捕食鼠类、野兔、野鸭、蛙类、鱼类，以及动物尸体和较大昆虫。繁殖期为 5~7 月，每窝产卵 1~3 枚，雌鸟单独孵卵，孵化期为 42~44 天。晚成雏。本地虽有分布记录，但无标本、照片实证。

分布：济宁；微山县 - 微山湖。

◎东营，▲●烟台；（W）胶东半岛。

除陕西、宁夏、甘肃、重庆、贵州、海南、澳门外，各省（自治区、直辖市）可见。

区系分布与居留类型：［古］（W）。

物种保护：Ⅱ，易危 /CSRL，R/CRDB，2/CITES，Vu/IUCN。

参考文献：H144，M497，Zja149；La535，Q56，Z99/92，Zx40，Zgm119/42。

记录文献：—；赛道建 2017、2013，李久恩 2012。

▶ **鹰属 Accipiter**

松雀鹰南方亚种 Besra
Accipiter virgatus affinis（Hodgson）

同种异名：雀鹰，雀贼，鹰摆胸，雀鹞；Besra Sparrowhawk；Falco virgatus Temminck，1822

形态特征：中型深色鹰。嘴铅蓝色，尖端近黑色，蜡膜黄绿色。眼先白色。喉部白色，黑色中央纵纹宽阔而显著，有黑色髭纹。头顶暗褐色，后颈羽石板黄色稍淡。上体深灰色，下体白色；胸亦具褐色纵纹，腹部和两胁具褐色横斑。尾羽灰褐色。脚和趾黄绿色，爪黑褐色。雌鸟、幼鸟上体暗褐色；下体白色，腹和胁具棕褐色横斑。

松雀鹰（1960 采于鲁山林场）

生态习性：栖息于针叶林、阔叶林和混交林的林缘疏林地带。性机警，单独生活。在高大树顶上等待和偷袭猎物。捕食鼠类、小鸟，以及蜥蜴、昆虫等小动物。繁殖期 4~6 月，每窝产卵 3~5 枚，主要由雌

鸟孵卵，孵化期 30 天左右。

分布： ●济宁；微山县 - ●（1960）鲁山林场。

◎东营，（P）▲青岛，（S）日照，●泰安，●▲烟台，淄博。

黑龙江，内蒙古，河南，陕西，甘肃，安徽，江苏，上海，浙江，江西，湖北，湖南，四川，重庆，贵州，云南，西藏，广东，广西，海南。

区系分布与居留类型： ［广］（PS）。

物种保护： Ⅱ，无危 /CSRL，中日，2/CITES，Lc/IUCN。

参考文献： H131，M486，Zja135；La506，Q52，Qm213，Z89/82，Zx37，Zgm122、38。

记录文献： —；赛道建 2017、2013。

雀鹰北方亚种　Eurasian Sparrowhawk
Accipiter nisus nisosimilis（Tickell）

同种异名： —；Northern Sparrow hawk，Sparrow hawk；*Falco nisus* Linnaeus，1758，*Falco nisosimilis* Tickell，1833

形态特征： 小型猛禽。嘴暗铅灰色，尖端黑色，基部黄绿色，蜡膜黄色或黄绿色。眼先灰色具黑色刚毛。头侧和脸棕色具暗色羽干纹。颏喉部白色无中央纹，满布褐色羽干细纹。上体暗灰色，头顶、枕和后颈较暗，前额微缀棕色，后颈羽基白色，常显露于外。翅阔而圆，翼上覆羽暗灰色。下体白色，具细密的红褐色横斑，胸、腹和胁具暗褐色细横纹。尾较长，灰褐色，具灰白色端斑和黑褐色较宽次端斑。脚和趾橙黄色，爪黑色。雌鸟灰褐色，下体灰白色具褐色斑。

生态习性： 栖息于各种树林和边缘地带。昼行性，单独活动。发现地面猎物直扑、用利爪捕猎后飞回栖息树上用嘴撕裂吞食。捕食中小型鸟类、鼠类、昆虫，

以及野兔、蛇等。繁殖期 5～7 月，每窝产卵 3～4 枚，雌鸟孵卵，雄鸟参与，孵化期 32～35 天。晚成雏。

分布： ●济宁[*1]；微山县●（1960）鲁山林场。

●滨州，（P）◎东营，（P）菏泽，（P）◎济南，◎莱芜，●▲（P）◎青岛，（W）日照，（S）●◎泰安，▲◎烟台，淄博；胶东半岛，鲁中山地，鲁西北平原，鲁西南平原湖区。

除青海、西藏外，各省（自治区、直辖市）可见。

区系分布与居留类型： ［古］（SP）。

物种保护： Ⅱ，无危 /CSRL，2/CITES，Lc/IUCN。

参考文献： H131，M487，Zja134；Q52，Qm213，Z87/81，Zx38，Zgm122/39。

记录文献： 张乔勇 2017；赛道建 2017、2013，孙太福 2017，纪加义 1987b。

苍鹰普通亚种　Northern Goshawk
Accipiter gentilis schvedowi（Menzbier）

同种异名： 鹰，牙鹰，黄鹰，鹞鹰，元鹰；Goshawk，Eurasian Goshawk；*Falco gentilis* Linnaeus，1758，*Astur gentilis fujiyamae* Swann & Hartert，1923

形态特征： 中型猛禽，鹰属鸟类中体型最大。嘴黑色，基部铅蓝灰色，蜡膜黄绿色。眉纹白色杂有黑色羽干纹。耳羽黑色。前额、头顶至后颈暗石板灰色，羽基白色，枕后颈白色羽尖部分展露形成白色细斑，杂黑色羽干纹。颌、喉和前颈白色具黑褐色细纵纹及暗褐色斑。上体苍灰色，下体污白色。尾灰

苍鹰（徐炳书 20160110 摄于微山湖）

雀鹰（1960 采于鲁山林场）

---

*1 南四湖地区分布虽有标本记录，但未能查到标本、未征集到照片实证。

褐色，具4道宽黑褐色横带，羽缘灰白色。脚和趾黄色，跗蹠被大型盾状鳞，爪黑褐色。雌鸟羽色似雄鸟，但较暗，体型显著大。幼鸟上体褐色，下体棕黄色具黑褐色羽干纹，腋部具黑褐色矢状斑。飞行时，宽阔白色双翅腹面密布黑褐色横带。

生态习性： 栖息于各种森林地带。性机警，善隐藏；常单独活动、觅食。捕食鼠类，野兔，雉类、鸠鸽类等中小型鸟类。繁殖期4～7月，每窝产卵3～4枚，孵化由雌鸟担任，孵化期30～33天。晚成雏。

分布：（●济宁，南四湖；任城区-太白湖（马士胜20161230）；曲阜-三孔；微山县-（P）●（1960）鲁山，微山湖（徐炳书20160110）。

（P）◎东营，（P）●菏泽，▲（P）◎青岛，◎日照，（PW）●泰安，◎潍坊，▲●烟台；胶东半岛，鲁中山地，鲁西南平原湖区。

除台湾外，各省（自治区、直辖市）可见。

区系分布与居留类型：［古］（PW）。

物种保护： Ⅱ，无危/CSRL，2/CITES，Lc/IUCN。

参考文献： H127，M488，Zja130；La513，Q50，Qm213，Z83/77，Zx38，Zgm123/39。

记录文献： 朱曦2008；赛道建2017、2013，宋印刚1998，纪加义1987b。

▶ **鹞属 Circus**

白头鹞指名亚种 Eastern Marsh Harrier
Circus aeruginosus aeruginosus（Linnaeus）

同种异名： —；Swamp Hawk，Western Marsh Harrier；—

形态特征： 中型深色鹞。嘴黑色，基部蓝灰色，蜡膜黄绿色，喉皮黄色。头部淡灰色有深色条纹；头、后颈棕黄色。上体栗褐色，翅灰色而翅尖黑色，胸棕色至皮黄色具锈色纵纹。尾长、灰色，尾基背面白色，腹栗色。脚黄色，爪黑色。雌鸟暗褐色。幼鸟

白头鹞（张明摄于新疆）

似雌鸟，较棕褐色，头顶纵纹细而不明显。

生态习性： 栖息于各种开阔水域附近。飞行时翅膀多呈"V"形。捕食鸣禽和水禽，以及田鼠等小型哺乳动物，鱼、蛙、蜥蜴和较大昆虫。繁殖期4～6月，每窝产卵4～5枚，雌鸟孵化，孵化期为31～36天。本地虽有分布记录，但无标本、照片实证。

分布：（P）济宁；（P）微山县-（P）鲁桥，两城。东营，▲青岛，（P）泰安，●◎潍坊，▲●烟台；胶东半岛，鲁中山地，鲁西南平原湖区。

黑龙江，吉林，辽宁，内蒙古，河北，北京，天津，山西，河南，新疆，江苏，上海，江西，湖北，贵州，云南，西藏，福建，广东，澳门。

区系分布与居留类型：［古］（P）。

物种保护： Ⅱ，无危/CSRL，中日，2/CITES，Lc/IUCN。

参考文献： H163，M476，Zja168；Q64，Qm214，Z110/102，Zx36，Zgm123/36。

记录文献： —；赛道建2017、2013，纪加义1987b，济宁站1985。

白腹鹞 Eastern Marsh Harrier
Circus spilonotus spilonotus（Kaup）

同种异名： 泽鵟（kuang），东方泽鵟，东方泽鹞（yào），白头鹞东方亚种；—；*Circus aeruginosus spilonotus* Hachisuka & Udagawa

形态特征： 中型深色鹞。头顶、上背白色具宽阔黑褐色纵纹，喉、胸黑色具白色纵纹。上体黑褐色具污白色斑点，下体近白色。尾银灰色，尾上覆羽白色。雌鸟深褐色，喉及翼前缘皮黄色，头顶、颈背皮黄色具深褐色纵纹，腹面观初级飞羽基部白色斑具深色粗斑，胸具皮黄色块斑。尾上覆羽褐色或浅色，尾具横斑。脚黄色。幼鸟、成鸟白色部分除尾上覆羽外，均沾棕色。上体黑褐色。

白腹鹞（宋泽远20131003摄于太白湖）

生态习性： 通常栖息于开阔沼泽低湿地带。喜成对、小群活动，晨昏活跃。低空巡弋猎场，侦听鼠类

叫声后靠视觉飞扑攫取猎物，捕食鼠类、鸟类、蛇类、蜥蜴、蛙类、蚱蜢、蝼蛄等小动物。繁殖期4～6月，每窝多数产卵4～5枚，雌鸟孵卵，孵化期33～38天。

分布： ◎济宁；任城区-太白湖（张月侠20151209，宋泽远20131003）。

◎东营，青岛，◎日照，●◎泰安，◎烟台；山东。

各省（自治区、直辖市）可见。

区系分布与居留类型： ［广］（P）。

物种保护： Ⅱ，无危/CSRL；未列入/IRL，2/CITES，Lc/IUCN。

参考文献： H164，M477，Zja169；La482，Q64，Qm214，Z111/104，Zx 35，Zgm124/36。

记录文献： —；赛道建2017、2013，纪加义1987b。

白尾鹞指名亚种　Hen Harrier
Circus cyaneus cyaneus（Linnaeus）

同种异名： 灰泽鵟，灰泽鹞，灰鹰，白抓，灰鹞，鸡鸟；Marsh Hawk，Northern Harrier；*Falco cyaneus* Linnaeus 1766

形态特征： 中型猛禽，灰褐色鹞。嘴黑色，基部沾蓝灰色，蜡膜黄绿色。前额污灰白色，头顶灰褐色具暗色羽干纹，后头暗褐色具棕黄色羽缘，耳羽至颌有一圈蓬松而稍卷曲的羽毛形成的皱领。后颈蓝灰色缀以褐色或黄褐色羽缘。背蓝灰色，翅尖黑色，尾上覆羽白色，腹、胁和翅下白色与暗色胸、翅尖对比明显，飞翔时，背面观蓝灰色上体、白色腰和黑色翅尖形成明显对比；腹面观，白色下体，暗色胸和黑色翅尖对比鲜明。雌鸟暗褐色，尾上覆羽白色，下体黄褐色具红褐色纵纹。幼鸟似雌鸟，下体色较淡，纵纹更显著。

白尾鹞（马士胜20141206摄于太白湖）

生态习性： 栖息于平原和低山丘陵地带的湖泊、沼泽、河谷、林间沼泽草地、海滨沼泽等开阔地区。

喜单独活动，晨昏觅食最为活跃，捕食小型鸟类、啮齿类、蜥蜴、蛙及昆虫等。繁殖期4～7月，每窝多产卵4～5枚，雌鸟孵卵，孵化期29～31天。晚成雏。

分布： ●◎济宁，南四湖；任城区-太白湖（聂成林201412，马士胜20141003、20141206）；（P）微山县-（P）鲁桥，●（1960）鲁山，●（19831022）马坡，微山湖，鱼种场（20181007）；鱼台县-鹿洼（20160409）。

●滨州，（P）◎东营，（P）菏泽，（P）◎济南，●▲青岛，◎日照，（PS）泰安，▲●◎烟台；山东，胶东半岛，鲁中山地，鲁西北平原，鲁西南平原湖区。

各省（自治区、直辖市）可见。

区系分布与居留类型： ［古］（PW）。

物种保护： Ⅱ，无危/CSRL，中日，2/CITES，Lc/IUCN。

参考文献： H159，M478，Zja164；La486，Q62，Qm214，Z108/102，Zx35，Zgm124/36。

记录文献： 张乔勇2017；赛道建2017、2013，李久恩2012，宋印刚1998，纪加义1987b，济宁站1985。

鹊鹞　Pied Harrier
Circus melanoleucos（Pennant）

同种异名： 花泽鵟，喜鹊鹞，喜鹊鹰，黑白尾鹞；—；*Falco melanoleucos* Pennant，1769

形态特征： 中型猛禽，外形似喜鹊。嘴黑色或暗铅蓝灰色，下嘴基部、蜡膜黄绿色。头部、颈部，以及背、肩和胸部均为黑色。翼上斑、尾上覆羽白色，余灰色；腹面观，黑色翼尖、头、颈部与白色体羽及灰白色翼下对比鲜明，特征醒目。脚和趾黄色或橙黄色。雌鸟头缀棕白色羽缘；上体暗褐色；尾羽灰褐色具黑褐色横斑和尾基白色斑。幼鸟头顶黑褐色，羽缘棕黄色。

生态习性： 通常栖息于开阔的低山丘陵和山脚的旷野河谷、平原草地、沼泽草地或疏林开阔地带。单独活动。重复固定路线兜圈子搜寻猎物，捕食鼠类、小鸟、蜥蜴、蛙及昆虫。繁殖期5～7月，每窝产卵4～5枚，雌雄鸟轮流孵卵，孵化期约30天。晚成雏。

分布： ●济宁；任城区-太白湖（聂成林20110925），洸府河（董宪法20140925）；微山县-●（1960）鲁山林场，微山湖。

（P）◎东营，▲青岛，◎日照，●▲◎烟台，淄博；（P）山东，胶东半岛，鲁中山地，鲁西北平原，鲁西南平原湖区。

除宁夏、青海、新疆、西藏、海南外，各省（自治区、直辖市）可见。

鹊鹞（1960 采于鲁山林场，聂成林 20110925 摄雄鸟于太白湖，董宪法 20140925 摄雌鸟于洸府河）

区系分布与居留类型：［古］S（P）。

物种保护： Ⅱ，无危/CSRL，2/CITES，Lc/IUCN。

参考文献： H162，M480，Zja167；La489，Q64，Qm215，Z109/102，Zx36，Zgm124/37。

记录文献： 一；赛道建 2017、2013，李久恩 2012，纪加义 1987b。

▶ 鸢属 *Milvus*

黑鸢普通亚种　Black Kite
Milvus migrans lineatus（Boddaert）

同种异名： 鸢，老鹰，黑耳鸢，鹞鹰；Black-eared Kite，Yellow-billed Kite；*Milvus korschun lineatus*（Gmelin）

形态特征： 嘴黑色，基部黄绿色。上体暗褐色，下体棕褐色，具黑褐色羽干纹；外侧飞羽内翈基部白色形成大型白色斑。尾棕褐色、浅叉状，具宽度相等的黑、褐色相间横斑。脚黄色、爪黑色。雌鸟显著大于雄鸟。幼鸟全身栗褐色。头、颈多具棕白色羽干纹，翼上覆羽具白色端斑。胸、腹具宽阔棕白色纵纹，尾上横斑不明显。其余似成鸟。

生态习性： 栖息于开阔平原、草地、荒原和低山丘陵地带，常在田野、湖泊上空活动。性机警。高空盘旋发现地面猎物俯冲捕获，捕食小鸟、鼠类、野兔、蛇、蜥蜴、蛙、鱼和昆虫等。繁殖期 4～7 月，

黑鸢（1960 采于鲁山林场）

每窝产卵 2～3 枚，亲鸟轮流孵卵，孵化期约 38 天。晚成雏。

分布： ●济宁；曲阜 - 孔林；微山县 - ●（1960）鲁山林场，微山湖。

（R）◎东营，（R）菏泽，（R）济南，青岛，日照，（R）◇●泰安，（R）潍坊，◎威海，▲●◎烟台，淄博；胶东半岛，鲁中山地，鲁西北平原，鲁西南平原湖区。

各省（自治区、直辖市）可见。

区系分布与居留类型：［广］（R）。

物种保护： Ⅱ，无危/CSRL，易危/CRDB，2/CITES，Lc/IUCN。

参考文献： H125，M461，Zja128；La463，Q48，Qm215，Z81/75，Zx33，Zgm125/32。

记录文献： 一；赛道建 2017、2013，李久恩 2012，杨月伟 1999，纪加义 1987b。

▶ 海雕属 *Haliaeetus*

白尾海雕指名亚种　White-tailed Sea Eagle
Haliaeetus albicilla albicilla（Linnaeus）

同种异名： 白尾鹫；Common Sea Eagle；*Falco albicilla* Linnaeus，1758

形态特征： 大型猛禽。嘴粗大、黄褐色，蜡膜黄色。眼黄色。头及颈部为淡褐色。全身大致褐色。背面与飞羽深褐色。尾白色、楔形，尾下覆羽暗褐色。脚黄色，爪黑色。幼鸟嘴黑褐色，随着成长自喙尖逐

渐变黄。前额基部色较淡，颏、喉淡黄褐色，头颈褐色，具暗褐色羽干纹。后颈羽毛长、披针形。肩间羽色稍浅淡，多为土褐色，具暗色斑点。上体背以下褐色，腰及尾上覆羽黄褐色，具暗褐色羽轴纹和横斑。下体胸、腹部羽毛淡黄褐色带纵纹，羽基白色呈白色斑状，其余下体黄褐色。翼下覆羽与腋羽暗褐色。尾下覆羽淡棕色，具褐色斑，每根尾羽中央污白色，外缘及末端黑褐色。

白尾海雕（救助饲养 2 年，张保元 20181227 摄于南阳湖农场动物园）

生态习性：栖息于湖泊、海岸、岛屿及河流、河口地区，繁殖期间喜欢栖息于高大树木的水域或森林地区的开阔湖泊与河流地带。白天活动，单独或成对在宽阔水面上空飞翔，主要捕食鱼类，也捕食鸟类和中小型哺乳动物。繁殖期 4～6 月，每窝产卵 1～3 枚，雌雄亲鸟轮流孵卵，孵化期 35～45 天。晚成雏。

分布：●◎济宁；汶上县 -●（20160209）康驿镇（救助饲养 2 年，张保元 20181227 摄于南阳湖农场动物园）。

（R）◎东营，青岛，（P）威海，▲●烟台，淄博；胶东半岛，鲁中山地，鲁西北平原，鲁西南平原湖区。

除海南外，各省（自治区、直辖市）可见。

区系分布与居留类型：［古］（R）。

物种保护： I，近危、易危 /CSRL，红 /CRDB，1/CITES，Lc/IUCN，低危、近危 /IRL。

参考文献： H151，M465，Zja156；La471，Q60，Qm216，Z103/96，Zx35，Zgm126/33。

记录文献： —；赛道建 2017、2013，纪加义 1987b。

▶ **鵟属 *Buteo***

大鵟 Upland Buzzard
Buteo hemilasius（Temminck & Schlegel）

同种异名：豪豹，白鹭豹，花豹，老鹰；—；—

形态特征：大型猛禽，多色型鵟，羽有淡、暗两种主要色型，淡色型常见。嘴黑褐色，蜡膜黄绿色。眼先灰黑色。跗蹠和趾黄色，跗蹠前面通常被羽，爪黑色。淡色型头顶至后颈白色微沾棕色，具褐色羽干纵纹。颏、喉白色具稀疏淡褐色纵纹。头侧白色，耳羽暗褐色，髭纹褐色。颈部褐色纵纹，后颈色深形成深色斑块。上体土灰褐色，具淡棕色或灰白色羽缘和淡褐色羽干纹；下体淡棕白色，胸、胁部具稀疏淡褐色纵纹。覆腿羽棕褐色，下腹至尾下覆羽近白色。尾羽淡褐色，先端灰白色。中间型体羽主要为暗棕褐色。暗色型全身羽色大致为深褐色，尾部同淡色型。

大鵟（1960 采于鲁山林场）

生态习性：栖息于山地、山脚平原与草原的林缘，以及开阔山地草原和荒漠地带。发现猎物俯冲用利爪抓捕，捕食啮齿动物，以及蛙、蜥蜴、野兔、蛇、雉鸡和昆虫等。繁殖期为 5～7 月，每窝产卵 2～4 枚，孵化期约 30 天。晚成雏。

分布：●济宁，南四湖（陈保成 20091221）；微山县 -●（1960）鲁山林场。

◎德州，（W）◎东营，（W）菏泽，（P）◎济南，聊城，▲青岛，◎日照，（W）●泰安，●◎威

17　佛法僧目 Coraciiformes

嘴形直而粗厚，嘴短，翅长圆 ·· 佛法僧科 Coraciidae
嘴形直而粗厚，嘴长，翅短圆 ·· 翠鸟科 Alcedinidae

17.1　佛法僧科 Coraciidae（Rollers）

▶ 三宝鸟属 Eurystomus

三宝鸟普通亚种　Dollarbird
Eurystomus orientalis cyanicollis（Sharpe）

同种异名： 佛法僧，老鸹（guā）翠，月鹰，东方宽嘴鸟，阔嘴鸟；Eastern Broad-billed Roller, Broad-billed Roller, Oriental Dollarbird；*Coracias orientalis* Linnaeus, 1766, *Eurystomus orientalis calonyx*, *Eurystomus laetior* Sharpe, 1890, *Eurystomus calornyx* Hodgson, 1844

　　形态特征： 嘴朱红色，粗厚、基部宽、先端黑色有钩。头大而宽阔，头顶扁平。额黑色，喉和胸黑色沾蓝色具钴蓝色羽干纹。头至颈黑褐色。通体蓝绿色。头和翅较暗呈黑褐色。后颈、肩、背、腰暗铜绿

三宝鸟（马士胜 20150617 摄于九仙山）

色。翅覆羽与背相似而较背鲜亮而多蓝色，背、腹面有鲜明大型浅蓝色斑块。下体蓝绿色，尾方形，黑色缀有蓝色。脚、趾暗红色，爪黑色。雌鸟羽色较雄鸟暗淡，不如雄鸟鲜亮。幼鸟似成鸟。喙黑色。喉无蓝色。羽色较暗淡，背面近绿褐色。

　　生态习性： 栖于各类乔木上。早、晚活动频繁，多单独活动。在乔木顶端发现飞虫即追捕，捕食大型昆虫。繁殖期 5～8 月，每窝通常产 3～4 枚卵，雌雄鸟轮流孵卵，共同育雏。晚成雏。

　　分布： ● ◎ 济宁，曲阜 - 九仙山（马士胜 20150617）；微山县 - ●（1960）鲁山，●（1958 济宁一中）微山湖。

　　◎ 东营，（S）菏泽，（S）● ◎ 济南，●（P）◎ 青岛，●（S）◎ 日照，（S）● ◎ 泰安，◎ 威海，◎ 烟台；胶东半岛，鲁中山地，鲁西北平原，鲁西南平原湖区。

　　除新疆、青海、西藏外，各省（自治区、直辖市）可见。

　　区系分布与居留类型： ［广］（SP）。

　　物种保护： Ⅲ，中日，Lc/CSRL，Lc/IUCN。

　　参考文献： H519，M169，Zja530；Lb463，Q218，Qm303，Z371/345，Zx108，Zgm144/143。

　　记录文献： —；赛道建 2017、2013，孙太福 2017，纪加义 1987d。

17.2　翠鸟科 Alcedinidae（Kingfishers）

翠鸟科分属、种检索表

1. 羽色仅黑白两色，斑驳状 ··· 2
 　羽色非黑或白 ··· 3
2. 背具横斑，翅长＞160 mm ····································· 冠鱼狗属 Megaceryle，冠鱼狗 M. lugubris
 　背无横斑，翅长＜150 mm ··· 鱼狗属 Ceryle，斑鱼狗 C. rudis
3. 翅尖而长，嘴较尾长，体形较小，腹面深棕色、不沾绿色 ······ 翠鸟属 Alcedo，普通翠鸟普通亚种 A. atthis bengalensis
 　翅短圆，嘴较尾短，体形较大，头顶黑色 ······································· 翡翠属 Halcyon，蓝翡翠 H. pileata

▶ 翡翠属 *Halcyon*

蓝翡翠　Black-capped Kingfisher
Halcyon pileata（Boddaert）

同种异名： 黑头翡翠；—；*Alcedo pileata* Boddaert，1783，*Halcyon pileata palawanensis* Hachisuka，1934

　　形态特征： 蓝、白、黑色为主的翡翠鸟。嘴珊瑚红色，粗长似凿，基部较宽，嘴峰直、脊圆，两侧无鼻沟。眼下有一白色斑。额、头顶、头侧和枕部黑色。后颈白色向两侧延伸与喉胸部白色相连形成宽阔白色领环。颏、喉、颈侧、颊白色。上体亮丽蓝紫色，背、腰钴蓝色。翼圆，翼上覆羽黑色形成大块黑色斑。下体上胸白色，胸以下包括腋羽和翼下覆羽橙棕色。两胁及臀沾棕色。尾圆形，尾羽钴蓝色、羽轴黑色，尾上覆羽钴蓝色。脚和趾红色，爪褐色。幼鸟后颈白色领沾棕色，喉、胸部具淡褐色端缘，腹侧具黑色羽缘。

蓝翡翠（徐炳书 20140920 摄于微山湖，陈保成 20140920 摄于昭阳村）

　　生态习性： 栖息于林中、山脚与平原地带的河流、水塘和沼泽地带。单独活动。停息于水域附近注视水面、伺机猎取，捕食蛙类、鱼、虾、蟹和水生昆虫等水栖小动物。繁殖期 5～7 月，每窝产卵 4～6 枚，雌雄鸟轮流孵化，孵化期 19～21 天。晚成雏。

　　分布： ●◎济宁；微山县 - ●（1960）南阳湖，●（1958 济宁一中）微山湖（徐炳书 20140920），昭阳村（陈保成 20140920）。

　　●◎滨州，◎德州，（S）◎东营，◎济南，（S）临沂，（P）青岛，◎日照，（S）●◎泰安，潍坊，威海，淄博；胶东半岛，鲁中山地。

除青海、新疆、西藏外，各省（自治区、直辖市）可见。

　　区系分布与居留类型：［东］（S）。

　　物种保护： Ⅲ，Lc/IUCN。

　　参考文献： H509，M177，Zja520；Lb477，Q212，Qm304，Z365/340，Zx106，Zgm146/139。

　　记录文献： —；赛道建 2017、2013，纪加义 1987d。

▶ 翠鸟属 *Alcedo*

普通翠鸟普通亚种　Common Kingfisher
Alcedo atthis bengalensis（Gmelin）

同种异名： 翠鸟、鱼狗、钓鱼翁、鱼虎、金鸟仔、小翠鸟、蓝翡翠、秦椒嘴；River Kingfisher，Little Blue Kingfisher，European Kingfisher，Kingfisher；*Alcedo bengalensis* Gmelin，J. F. 1788，*Alcedo atthis formosana* Laubmann，1918（1920），*Alcedo atthis gotzii* Laubmann，1923，*Alcedo japonica* Bonaparte，1854，*Alcedo margelanica* Madarasz，1904，*Alcedo pallasii* Reichenbach，1851，*Gracula atthis* Linnaeus，1758

　　形态特征： 体小粗短，背蓝、腹棕色翠鸟。嘴长直尖、黑色（雌鸟下颚橘黄色），头、后颈深绿色具翠蓝色细横斑，贯眼纹黑褐色，额侧、颊、耳覆羽栗红色，颏白色，耳后具白色斑。上体金属蓝绿色，肩蓝绿色，下体橙棕色。尾短。幼鸟色黯淡，具深色胸带。脚红色。

　　生态习性： 栖息于林区水清澈而缓流的溪涧、河谷、池塘岸边。单独活动或成对活动。独栖河边小树枝上注视水面伺机猎食，捕食小鱼、虾、水生昆

普通翠鸟（徐炳书 20110904 摄于微山湖，韩汝爱 20180524 摄于薛河）

灰山椒鸟（马士胜 20150914 摄于尼山）

5 枚，卵灰白色或蓝灰色被暗褐色或黄褐色斑点。

分布: ●◎济宁，古流水；曲阜 - 尼山（马士胜 20150914 ）；（P）微山县 -（P）两城，●（19841016）鲁桥，●（1958 济宁一中）微山湖。

●滨州，（P）◎东营，（P）菏泽，（P）济南，●青岛，（P）日照，（P）泰安，◎威海，◎烟台，淄博；胶东半岛，鲁中山地，鲁西北平原，鲁西南平原湖区。

黑龙江，吉林，辽宁，内蒙古，河北，北京，山西，河南，甘肃，江苏，上海，浙江，江西，湖南，湖北，四川，贵州，云南，福建，台湾，广东，广西，香港。

区系分布与居留类型:［古］（P ）。

物种保护: Ⅲ，中日，Lc/IUCN。

参考文献: H618，M663，Zjb58；Lb540，Q258，Z463/431，Zx129，Zgm175/181。

记录文献: —；赛道建 2017、2013，纪加义 1988a，济宁站 1985。

20.3 卷尾科 Dicruridae（Drongos）

卷尾科卷尾属 *Dicrurus* 分种检索表

1. 额部具冠 ···发冠卷尾 *D. hottentottus*
   额部无冠羽 ·· 2
2. 体色为灰色 ·· 灰卷尾 *D. leucophaeus*
   体色为黑色，翼长＞135 mm ···································· 黑卷尾 *D. macrocercus*

黑卷尾普通亚种 Black Drongo
Dicrurus macrocercus cathoecus（Swinhoe）

同种异名: 鹢（jī）鸠，黑黎鸡，篱鸡，铁炼甲，铁燕子，黑乌秋，黑鱼尾燕，龙尾燕，笠鸠，大卷尾；—；—

形态特征: 嘴小而暗黑色，前额、眼先绒黑色。通体辉黑色，上体、胸具暗蓝色辉光，翅具铜绿色反光。特征性长尾深黑色，深叉状，外侧向上弯曲。脚黑色。雌鸟铜绿色金属光泽稍差。幼鸟黑褐色，下体尾下覆羽具近白色斑纹。

生态习性: 栖息于山坡、平原丘陵地带阔叶林和村庄附近。性凶猛，领域行为强，常栖息在树顶，见有昆虫即向下呈 "U" 形飞行，直扑猎物后复回原处停栖。主要捕食各种昆虫。繁殖期 6～7 月，每窝通常产卵 3～4 枚，雌雄亲鸟轮流孵卵、育雏，孵化期 12～17 天。晚成雏，留巢期 20～24 天。

分布: S●◎济宁，●前辛庄，南四湖（楚贵元 20080628 ）- 龟山岛（20150730 ）；任城区 - 太白湖

黑卷尾（韩汝爱 20180525 摄于昭阳湖，徐炳书 20110514 摄于微山湖）

（20140807、20160723、20161003，张月侠 20160611，吕艳 20180817，杜文东 20180616、20180805）；曲阜 -（S）曲阜，孔林，沂河公园（20140803）；兖州 - 河南村（20160614），洸府河（20160614）；梁山县 - 张桥（葛强 20150730）；微山县 - 二级坝（20170806），蔡河口（张月侠 20160504），岗头（20160724），惠河口（张月侠 20160504），鲁山，●（19840916）鲁桥，南阳岛（张月侠 20170503、20180620），南阳湖 - 吴村渡口（张月侠 20150620），微山湖国家湿地（20160725、20170614、20170805，张月侠 20160610），吴村（张月侠 20150618、20180618），微山岛（20160726、20161004），●（1958 济宁一中）微山湖（徐炳书 20080720、20080924、20110514、20110730），吴村渡口（张月侠 20150620），鱼种场（吕艳 20180815），昭阳湖（陈保成 20090820，韩汝爱 20180525），欢城下辛庄（20170614、20180619），新河师庄（20170613），蒋集河（20170614）；鱼台县 - 惠河（20170612），西支河（20170612），复新河（张月侠 20180620）。枣庄 - 滕州 - 红荷湿地（20160724）。

●◎滨州，●◎德州，（S）◎东营，（S）菏泽，（P）●◎济南，聊城，（S）◎临沂，◎莱芜，●◎日照，（S）●◎泰安，（S）潍坊，◎威海，◎烟台；胶东半岛，鲁中山地，鲁西北平原，鲁西南平原湖区。

除新疆、台湾外，各省（自治区、直辖市）可见。

区系分布与居留类型：［东］（S）。

物种保护：Ⅲ，Lc/IUCN。

参考文献：H668，M672，Zjb111；Lb581，Q280，Z508/474，Zx139，Zgm179/199。

记录文献：朱曦 2008；赛道建 2017、2013，孙太福 2017，李久恩 2012，张培玉 2000，杨月伟 1999，宋印刚 1998，纪加义 1988a，济宁站 1985。

灰卷尾普通亚种　Ashy Drongo
Dicrurus leucophaeus leucophaeus（Walden）

同种异名：山黎鸡；—；*Buchanga leucogenys* Walden，1870

形态特征：中型灰色卷尾。嘴灰黑色。脸颊及眼四周近白色。全身暗灰色。尾长、深叉状。脚黑色。

生态习性：栖息于开阔森林或林缘地带。单独活动，常停于乔木顶端或礁岩高处，从树林上层枝头出击、掠食飞过的昆虫。主要捕食昆虫，偶尔采食杂草种子。繁殖期 4～7 月。在乔木树冠层顶部侧枝杈处营巢，巢浅杯状，每窝产卵 3～4 枚，雌雄鸟轮流孵卵。本地虽有分布记录，但无标本、照片实证。

分布：济宁；微山县 - 微山湖。

◎东营，◎日照。

河北，北京，山西，河南，陕西，甘肃，安徽，江苏，上海，浙江，江西，湖北，四川，重庆，贵州，云南，福建，台湾，广东。

区系分布与居留类型：［东］（P）。

物种保护：Ⅲ。

参考文献：H669，M673，Zjb112；Lb585，Q281，Z510/475，Zx139，Zgm180/199。

记录文献：—；赛道建 2017。

发冠卷尾普通亚种[1]　Hair-crested Drongo
Dicrurus hottentottus brevirostris（Cabanis）

同种异名：卷尾燕，山黎鸡，黑铁练甲，大鱼尾燕；Spangled Drongo；*Corvus hottentottus* Linnaeus，1766，*Trichometopus brevirostris* Cabanis，1851

形态特征：嘴强健，黑色，先端具钩，通体绒黑色缀蓝绿色金属光泽，头具细长发状羽冠，上体蓝灰色，斑点闪烁。尾黑褐色具铜绿色光泽，长而分叉，外侧羽端明显上翘。脚黑色。雌鸟铜绿色金属光泽不如雄鸟鲜艳，额顶基部的发状羽冠亦较雄鸟短小。幼鸟全身黑褐色或黑色微沾金属光泽。

发冠卷尾（1958 采于南阳湖，张保元提供）

生态习性：栖息于低山丘陵和山脚沟谷地带的森林、林缘或村落农田附近。领域性强，单独或成对，主要在树冠层活动和觅食。主要捕食各种昆虫。繁殖期 5～7 月，每窝产卵 3～4 枚，雌雄亲鸟轮流孵卵，孵化期 15～17 天。晚成雏，雌雄鸟共同育雏，育雏期 20～24 天。

分布：●（P）济宁，（P）东郊，●（1958 济宁一中）南阳湖。

---

[1] 纪加义等（1986）记为济宁市鸟类新记录。

◎东营，（S）菏泽，（P）青岛，（S）◎日照，（S）●◎泰安，（S）潍坊，◎威海；胶东半岛，鲁中山地，鲁西南平原湖区。

除吉林、辽宁、新疆外，各省（自治区、直辖市）可见。

区系分布与居留类型：［东］（SP）。

物种保护：Ⅲ，Lc/IUCN。

参考文献：H672，M677，Zjb115；Lb590，Q282，Z513/478，Zx140，Zgm181/200。

记录文献：—；赛道建2017、2013，纪加义1988a、1986，济宁站1985。

20.4 王鹟科 Monarchinae（Monarch Flycatchers）

▶ 寿带属 Terpsiphone

寿带 Amur Paradise Flycatcher
Terpsiphone incei（Linnaeus）

同种异名：绶带鸟，亚洲绶带，亚洲寿带，练鹊，长尾鹟，一枝花，三光鸟，赭练鹊；Asian Paradise Flycatcher；*Corvus paradisi* Linnaeus，1758，*Muscipeta incei* Gould，1852，*Tchitrea affinis* Blyth，1846，*Terpsiphone paradisi incei*，*Terpsiphone paradisi*（Linnaeus）

形态特征：嘴钴蓝色或蓝色，端黑色。头蓝黑色具明显冠羽，眼周皮肤蓝色。上体赤褐色，下体灰白色，胸部苍灰色。中央尾羽延长达25 cm。雌鸟棕褐色，眼圈淡蓝色。头闪辉黑色，两翅和尾表面栗色。尾羽不延长。脚钴蓝色或铅蓝色。有栗色和白色两种色型。白色多为老年个体。

生态习性：栖息于低山丘陵和山脚平原的阔叶林、林缘和竹林中。常单独、成对或小群活动。性羞怯，领域性强，常从栖息树枝上空中捕获活昆虫后到地上取食。繁殖期多在5~6月。每窝产卵2~4枚，卵椭圆形或梨形，有不同颜色。雌鸟孵卵，雄鸟在雌鸟离巢期间参与孵卵活动，孵化期14~16天。晚成雏，雌雄亲鸟共同育雏，育雏期11~12天。

分布：●济宁；任城区-●（1958济宁一中）喻屯镇，曲阜-孔林；微山县-●（1958济宁一中）微山湖。

●滨州，（S）◎东营，◎济南，青岛，●（S）日照，（S）泰安，（S）潍坊；胶东半岛，鲁中山地，鲁西北平原，鲁西南平原湖区。

除内蒙古、青海、新疆、西藏外，各省（自治

寿带（1958 采于喻屯镇）

区、直辖市）可见。

区系分布与居留类型：［东］（S）。

种群现状：森林灭虫能手。物种分布范围广，被评为无生存危机物种。在山东分布数量并不多，已有鸟友拍到野外繁殖的照片，列入山东省重点保护野生动物名录。

物种保护：Ⅲ，Lc/IUCN。

参考文献：H1088，M681，Zjb539；Lc16，Q468，Z873/814，Zx166，Zgm183/256。

记录文献：—；赛道建2017、2013，张培玉2000，杨月伟1999，纪加义1988c。

20.5 伯劳科 Laniidae（Shrikes）

伯劳科伯劳属 Lanius 分种检索表

1. 尾上覆羽与中央尾羽异色 2

尾上覆羽与中央尾羽同色 ·· 5

2. 尾上覆羽红棕色，上背灰色、下背棕色，前额黑色，下体棕色显著 ·············· 棕背伯劳 *L. schach*
尾上覆羽灰色或褐色 ·· 3

3. 尾呈楔状，尾长＞13 cm，上体淡灰色，眉纹、额基白色 ············· 楔尾伯劳 *L. sphenocercus*
尾不呈楔状，尾短＜12.5 cm ·· 4

4. 体羽以灰色为主，翅长＞10 cm，下体色较棕 ····························· 灰伯劳 *L. excubitor*
体羽以棕色为主，翅长＜9 cm ······································· 牛头伯劳 *L. bucephalus*

5. 背红棕色具黑色横斑 ·· 虎纹伯劳 *L. tigrinus*
背浅棕色至红棕色，无黑色横斑，翼无白色斑，尾上覆羽与中央尾羽同色 ·············· 6 红尾伯劳 *L. cristatus*

6. 头顶灰色，额带不显，白色眉纹狭窄 ·································· 普通亚种 *L. c. lucionensis*
头顶、背浓棕褐色，白色额带显著，白色眉纹宽 ··· 7

7. 眉纹和额带均较宽 ··· 日本亚种 *L. c. superciliosus*
眉纹和额带均较狭 ·· 指名亚种 *L. c. cristatus*

虎纹伯劳 Tiger Shrike
Lanius tigrinus（Drapiez）

同种异名： 牛头虎伯劳，虎鹑，粗嘴伯劳，厚嘴伯劳，虎花伯劳，三色虎伯劳，花伯劳，虎伯劳；Thick-billed Shrike；—

形态特征： 棕白色伯劳。嘴蓝黑色，顶冠及颈背灰色，贯眼纹长宽而色黑。上体浓栗色具黑色横斑，下体白色，两胁具褐色横斑。尾栗褐色。雌鸟眼先及贯眼黑色纹沾褐色，色浅。脚灰色。幼鸟暗褐色，眉纹色浅具模糊横斑，下体皮黄色，腹部及两胁有横斑。

虎纹伯劳（马士胜 20170528 摄于九仙山）

生态习性： 林栖鸟类，喜栖息于平原至丘陵、山地疏林边缘，多藏身于林中。性格凶猛，常停栖在固定场所，寻觅和抓捕猎物。主要捕食昆虫，也袭击小鸟和鼠类。繁殖期5～7月。每窝产卵4～7枚，雌鸟孵卵，孵化期13～15天；雄鸟警戒并常衔虫饲喂雌鸟。雌雄鸟共同育雏，雏鸟留巢期13～15天。

分布： ●济宁；曲阜-九仙山（马士胜20170528）。

（S）◎东营，（S）菏泽，（SP）济南，（S）临沂，聊城，（S）●青岛，◎日照，（S）●◎泰安，◎威海，◎烟台，淄博；胶东丘陵，鲁中山地丘陵，鲁西北平原，鲁西南平原湖区。

除青海、新疆、海南外，各省（自治区、直辖市）可见。

区系分布与居留类型： ［古］（S）。

物种保护： Ⅲ，中日，Lc/IUCN。

参考文献： H653，M610，Zjb94；Lb552，Q274，Z494/461，Zx135，Zgm183/192。

记录文献： —；赛道建2017、2013，纪加义1988a。

牛头伯劳指名亚种 Bull-headed Shrike
Lanius bucephalus bucephalus（Temminck *et* Schlegel）

同种异名： 红头伯劳；—；—

形态特征： 嘴灰黑色，下嘴基部黄褐色；眉纹白色，贯眼纹黑色，颊喉白色，头顶、颈部红褐色。上背栗色；背、腰、尾上覆羽及肩羽灰褐色。飞羽黑色，飞行时基部白色翼斑明显，下体偏白色具黑色横斑，两胁沾棕色。中央一对尾羽黑色，尾端白色。雌鸟深褐色，下体具棕色细斑。脚铅灰色。雌鸟上体羽色更沾棕褐色。白色眼纹窄而不显著；眼先至耳羽的贯眼纹黑褐色。幼鸟眼先至耳羽贯眼纹黑褐色，无白色眉纹。

生态习性： 栖息于山地阔叶林及针阔混交林的林缘地带，喜在次生植被及耕地活动，迁徙期间平原可见。主要捕食蝗虫等各种昆虫。繁殖期5～7月，每窝产卵4～6枚，孵化期14～15天；雏鸟留巢期约13

天。本地虽有分布记录，但无标本、照片实证。

分布：济宁；微山县 - 微山湖。

（S）◎东营，（S）菏泽，◎济南，（S）●青岛，◎日照，（S）◎泰安，（S）潍坊，◎烟台，淄博；胶东半岛，鲁中山地，鲁西北平原。

黑龙江，吉林，辽宁，河北，北京，天津，山西，河南，陕西，宁夏，安徽，江苏，上海，浙江，江西，湖南，湖北，四川，重庆，贵州，福建，台湾，广东，海南，香港，澳门。

区系分布与居留类型：［古］（S）。

物种保护：Ⅲ，红 R，Lc/IUCN。牛头伯劳（中国亚种 *sicarius*）在《中国濒危动物红皮书·鸟类》中被列为稀有种。

参考文献：H654，M611，Zjb95；Lb555，Q274，Z495/461，Zx135，Zgm183/191。

记录文献：—；赛道建 2017、2013，李久恩 2012，纪加义 1988a。

红尾伯劳^{*1} Brown Shrike
Lanius cristatus Linnaeus

同种异名：褐伯劳、土伯劳、虎伯劳；Red-tailed shrike；*Lanius lucionensis* Linnaeus，1766，*Lanius superciliosus* Latham，1801

形态特征：嘴黑色，嘴钩曲锐利。喉白色，额灰色，眉纹白色，贯眼纹宽呈黑色。头顶至后颈灰褐色、灰色或红棕色，腰背棕褐色，下体黄白色。尾羽棕褐色，楔形，具不明显暗褐色横斑；尾上覆羽棕红色。雌鸟羽色苍淡，贯眼纹黑褐色，胁部具淡波状纹。幼鸟眉黑色，背及体侧具深褐色鳞状斑纹，下体

红尾伯劳（葛强 20160420 摄于张桥，徐炳书 20120707 摄于微山湖）

---

^{*1} 纪加义等（1986）记济宁市鸟类新记录 2 个亚种。

棕白色。脚灰黑色。

生态习性：栖息于低山丘陵和山脚平原地带的灌丛、疏林和林缘地带。单独或成对活动，性凶猛，常将猎物穿挂于尖枝杈上。捕食昆虫、蜥蜴和少量草籽。繁殖期 5～7 月。领域性强，占区后驱赶入侵者。每窝产卵 5～7 枚，雌鸟孵卵，孵化期 14～16 天。晚成雏。

指名亚种 *L. c. cristatus* Linnaeus

分布：●（SP）◎济宁；任城区 - 太白湖（20170613），吴村渡口（20170613）；嘉祥县 - 纸坊；梁山县 - 张桥（葛强 20160420）；曲阜 - 沂河（20140708）；微山县 - 爱湖村（张月侠 20160609、20180620），岗头（20160724），欢城下辛庄（张月侠 20160609、20180619），蒋集河（张月侠 20160610），●（19840812）两城，●（19830812、19840508）鲁桥，微山湖国家湿地（张月侠 20170614），吴村渡口（张月侠 20160611、20180618），●（1958 济宁一中）微山湖（徐炳书 20120707），微山岛（20170613），袁洼（张月侠 20150620），昭阳村（陈保成 20090725），昭阳湖（20170805，沈波 20110803）；鱼台县 - 惠河（20170612），王鲁桥（张月侠 20160613），西支河（20170613），夏家村（张月侠 20150619、20170502），●（1958 济宁一中）张黄镇；枣庄 - 滕州 - 红荷湿地（20160724，吕艳 20180817）。

●◎滨州，◎德州，（S）◎东营，（S）菏泽，（S）◎济南，◎聊城，◎莱芜，●◎日照，◎泰安，●◎潍坊，◎威海，◎烟台，◎淄博；胶东半岛，鲁中山地，鲁西北平原，鲁西南平原湖区。

黑龙江，吉林，辽宁，内蒙古，河北，北京，天津，山西，河南，陕西，甘肃，青海，江苏，上海，湖南，湖北，四川，贵州，云南，福建，台湾，广东，广西，海南，香港，澳门。

普通亚种 *L. c. lucionensis* Linnaeus

分布：南四湖。

（S）东营，（S）济南，聊城，（S）临沂，●（S）青岛，（S）日照，（S）泰安，（S）潍坊；胶东半岛，鲁中山地，鲁西北平原。

黑龙江，吉林，辽宁，内蒙古，河北，北京，天津，山西，河南，陕西，甘肃，安徽，江苏，上海，浙江，江西，湖南，湖北，四川，贵州，云南，福建，台湾，广东，广西，海南，香港。

日本亚种 *L. c. superciliosus* Latham

分布：济宁，南四湖。

（S）济南，聊城，（S）临沂，（S）青岛，（S）泰安，（S）潍坊。

内蒙古，河北，北京，天津，河南，江苏，上海，浙江，四川，重庆，云南，福建，台湾，广东，广西，海南，香港。

区系分布与居留类型：［古］（SP）。

物种保护：Ⅲ，中日，Lc/IUCN。

参考文献：H656，M614，Zjb98；Lb558，Q274，Z497/462，Zx135，Zgm184/191。

记录文献：朱曦 2008；赛道建 2017、2013，孙太福 2017，李久恩 2012，宋印刚 1998，纪加义 1988a、1986，济宁站 1985。

棕背伯劳指名亚种[*1] Long-tailed Shrike *Lanius schach schach*（Linnaeus）

同种异名：海南鶪（jú），大红背伯劳；Rufous-backed shrike，Black-headed shrike；—

形态特征：中型鸣禽。尾长，棕、黑、白色伯劳。嘴黑色，喙粗壮而具利钩和齿突，嘴须发达。眼先、眼周和耳羽黑色形成一条宽阔黑色贯眼纹，颏、喉白色。头大，前额、头顶至后颈黑灰色，背棕红色。尾黑色。幼鸟色暗，两胁及背具横斑。脚黑色，趾具钩爪。

生态习性：栖息于低山丘陵、山脚平原阔叶林和混交林的林缘地带。除繁殖期成对活动外，多单独活动；领域性强。捕食昆虫及小鸟、蛙等。繁殖期4～7月。每窝产卵3～6枚，雌鸟孵卵，雄鸟负责警戒和觅食喂雌鸟，孵化期12～15天。晚成雏，雌雄鸟共同育雏。

分布：（R）◎济宁，南四湖（陈保成20081214，徐炳书20081223、20150621）；任城区-太白湖（20140807、20170309、20170911、20181204，杜文东20180708，王利宾20150328、20160203，张月侠20181002），洸府河（20171215）；嘉祥县-◎纸坊，洙赵新河（20161002）；梁山县-赵坝（葛强20150506）；曲阜-沂河公园（20140708、20140803、20141220），泗河（马士胜20141110）；微山县-爱湖村（20180126，张月侠20160502、20180620），爱湖码头（张月侠20180126），白鹭湖（20171218、20180126），北沙河（20170303），付村（陈保成20081214），二级坝（20160223、20160415），高楼湿地（20160725、20161210），龟山岛（20150730），欢城下辛庄（张月侠20160502、20170401、20180619），蒋集河（20161209，张月侠20161209），南阳岛（20170611），南阳湖（韩汝爱20090315），蟠龙河（20170907），微山湖国家湿地（20160724、20170308、20181007，李新民20150521），微山湖（20151208），微山岛（20160218、20161004），西港（20170302），薛河（20170305），幸福河（20171215），尹家河（张月侠20151207），鱼种场（20170614，张月侠20170614，孔令强20151211），运河（吕艳20180815），昭阳村（20181006），寨子河公园（李阳20160208）；兖州-张楼村（20161207），兴隆塌陷区（20161208）；鱼台县-万福河（20161002），鹿洼（张月侠20150619、20180621），王鲁桥（张月侠20160505、20180621），夏家（张月侠20170502）。

◎滨州，（P）◎东营，◎德州，（P）菏泽，●◎济南，聊城，◎临沂，◎莱芜，◎青岛，（R）◎日照，◎泰安，◎潍坊，◎威海，◎烟台，◎淄博；鲁西北平原，鲁西南平原湖区。

河北，北京，天津，河南，陕西，甘肃，新疆，安徽，江苏，上海，浙江，江西，湖南，湖北，四川，重庆，贵州，云南，福建，广东，广西，香港，澳门。

区系分布与居留类型：［东］R（SR）。

物种保护：Ⅲ，Lc/IUCN。

参考文献：H658，M616，Zjb102；Lb563，Q276，Z499/465，Zx137，Zgm186/194。

记录文献：—；赛道建 2017、2013，孙太福 2017，纪加义 1988a、1986，黄浙 1965。

棕背伯劳（杜文东 20180708 摄于太白湖）

灰伯劳东北亚种 *¹ Great Grey Shrike
Lanius excubitor mollis（Eversmann）

同种异名：寒露儿，北寒露；—；—

形态特征：灰黑色伯劳。嘴黑色，黑色粗大贯眼纹上方具白色眉纹，眼先有一近圆形黑褐色斑。上体自头顶至尾上覆羽烟灰色，下体近白色，翼黑色具白色横纹。尾黑色而边缘白色。雌鸟羽棕色更浓。眼先、贯眼纹、耳羽褐色。幼鸟上体灰褐色，腰至尾上覆羽淡灰白色，下体具皮黄色鳞状斑纹。脚黑色。

灰伯劳（赵迈 20170314 摄于高楼湿地，葛强 20151009 摄于赵坝）

生态习性：栖息于平原、山地的疏林或林间空地附近。少数个体在中国越冬。性凶猛，栖于树顶到地面捕食后飞回树枝，将猎获物挂在带刺的树上，将猎物杀死、撕碎食之。喜捕食小型兽类、鸟类、蜥蜴、各种昆虫等活物。每窝产卵 4～7 枚，淡青色具淡灰色斑。雌雄鸟共同孵卵，孵化期 20 天。

分布：微山县 - 高楼湿地（赵迈 20170314）；梁山县 - 赵坝（葛强 20151009）。

◎德州，（W）◎东营，（P）济南，（W）●◎泰安，淄博；鲁中山地，鲁西北平原，鲁西南平原湖区。

辽宁，内蒙古，河北，甘肃。

区系分布与居留类型：［古］（PW）。

物种保护：Ⅲ，中日，Lc/IUCN。

参考文献：H661，M619，Zjb104；Q278，Z502/468，Zx137，Zgm187/195。

---

*¹　南四湖地区分布，依葛强提供照片鉴定为南四湖地区分布新记录，尚需标本鉴定结果佐证。

记录文献：—；赛道建 2017、2013。

楔尾伯劳指名亚种 Chinese Grey Shrike
Lanius sphenocercus sphenocercus（Cabanis）

同种异名：长尾灰伯劳；Long-tailed gray shrike；—

形态特征：大型灰色伯劳。嘴灰色。额白色，眼先黑色杂有灰褐色羽，眼周、惯眼纹及耳羽黑色，眉纹白色、鲜明而宽。上体灰色，下体白色。翼黑色具粗大白色横斑纹。尾长呈凸形尾；中央尾羽黑色具狭窄白色羽端，外侧尾羽白色。幼鸟颏、喉白色沾棕色，上体灰褐色，下体胸、胁灰白色沾粉褐色，鳞纹不显著。脚黑色。

楔尾伯劳（马士胜 20141202 摄于大沂河，陈保成 20151213 摄于昭阳村）

生态习性：栖息于开阔原野及山地、河谷的林缘和疏林地带。有领域性。能长时间追捕猎物。捕食昆虫及蜥蜴、小鸟及鼠类等小动物。繁殖期 5～7 月。每窝产卵 5～6 枚，孵化期 15～16 天。

分布：●（WP）◎济宁；曲阜 - 大沂河（马士胜 20141202）；（WP）微山县 - ●（19830414）鲁桥，●（1958 济宁一中）微山湖（徐炳书 20160116），欢城下辛庄（20161211），昭阳村（陈保成 20151213）；兖州 - 兴隆煤矿塌陷区（20161208）；鱼台 - ●（1958 济宁一中）张黄镇。

（W）◎东营，◎德州，●◎济南，青岛，●◎日照，◎泰安，●潍坊，◎烟台，淄博；胶东半岛，鲁中山地，鲁西北平原。

黑龙江，吉林，辽宁，内蒙古，河北，北京，天津，山西，河南，陕西，宁夏，甘肃，青海，安徽，江苏，上海，浙江，江西，湖南，湖北，福建，台湾，广东，广西。

区系分布与居留类型：［古］（W）。

物种保护：Ⅲ，无危 /CSRL，Lc/IUCN。

参考文献: H662，M620，Zjb105；Lb567，Q278，Z504/470，Zx138，Zgm188/196。

记录文献: —；赛道建2017、2013，李久恩2012，纪加义1988a。

20.6 鸦科 Corvidae（Crows，Jays）

鸦科分属、种检索表

1. 鼻孔距前额不及嘴长的1/4，鼻须短不达嘴中部，尾突显著，外侧尾羽＜1/2尾长
   喙黑色，体羽蓝灰色 ·················· 灰喜鹊属 *Cyanopica*，灰喜鹊 *C. cyanus*
   鼻孔距前额为嘴长的1/3，鼻须硬直，达嘴中部 ··· 2
2. 尾羽黑色远较翅长，体羽为黑色与白色 ········· 鹊属 *Pica*，喜鹊普通亚种 *P. pica serica*
   尾羽黑色远较翅短，体羽不具白色斑（或有白色区块） ······························· 3 鸦属 *Corvus*
3. 脸和喙的基部裸露无羽毛，体羽带有鲜明的金属光泽 ········· 秃鼻乌鸦普通亚种 *C. frugilegus pastinator*
   脸和喙的基部有羽毛覆盖，体羽金属光泽少 ··· 4
4. 颈部无白色颈环，翼＞300 mm以上，颈后与头顶黑色 ··· 5
   颈部有白色或银灰色颈环 ·· 6
5. 喙型粗大，嘴峰较宽，羽轴不明显 ················ 大嘴乌鸦普通亚种 *C. macrorhynchos colonorum*
   喙型较细，嘴峰较窄，羽轴发亮 ···················· 小嘴乌鸦普通亚种 *C. corone orientalis*
6. 翼长＜250 mm，喙长＜35 mm，腹部白色 ···················· 达乌里寒鸦 *C. dauuricus*
   翼长＞300 mm，喙长＞50 mm，腹部黑色 ························· 白颈鸦 *C. pectoralis*

▶ 灰喜鹊属 *Cyanopica*

灰喜鹊华北亚种　Azure-winged Magpie
***Cyanopica cyanus interposita*（Hartert）**

同种异名: 山喜鹊，蓝鹊，蓝膀香鹊，长尾鹊，鸢喜鹊，长尾巴郎，兰鹊；—；—

　形态特征: 灰色喜鹊。嘴黑色。前额到颈项和颊部黑色、闪淡蓝色或淡紫蓝色光辉。背灰色，翅淡天蓝色，翕部和背部淡银灰色到淡黄灰色，腰部和尾上覆羽逐渐转浅淡。下体灰白色。喉白色向颈侧、胸和腹部的羽色逐渐由淡黄白色转为淡灰色。尾长、凸状，灰蓝色具白色端。脚黑色。幼鸟体色多较暗和较褐而有淡羽缘。头顶暗黑色、淡牛皮黄色羽缘使头顶具鱼鳞状斑。

　生态习性: 栖息于低山丘陵和山脚平原地带的开阔林地。成对、成群活动，性凶猛。杂食性，捕食昆虫兼食乔灌木的果实及种子。繁殖期5～7月。雌雄鸟共同营巢，每窝产卵4～9枚，雌鸟孵卵，孵化期14～16天。晚成雏，雌雄鸟共同育雏，留巢期约20天。

　分布: ●（R）◎济宁，南四湖；任城区-洸府河（20170909）；兖州-人民乐园（20160723）；曲阜-（R）曲阜，孔林（孙喜娇20150430），孔庙（20140803），沂河公园（20140804、20141220）；微山县-欢城下辛庄（张月侠20161208、20170430），●（19851005、19831224）鲁桥，南阳湖农场（20161212），微山湖国家湿地（20170308），●（1958济宁一中）微山湖，微山岛（20160726），顺航公园（20160222），昭阳村（陈保成20151213）；梁山县-魏庄（葛强20160201）。

　●滨州，◎德州，（R）◎东营，（R）◎菏泽，（R）◎济南，◎聊城，（R）◎临沂，◎莱芜，◎青岛，●◎日照，（R）●◎泰安，（R）◎潍坊，◎威海，◎烟台，◎枣庄，◎淄博；胶东半岛，鲁中山地，鲁西北平原，鲁西南平原湖区，山东。

　内蒙古，河北，北京，天津，山西，河南，陕西，宁夏，甘肃。

灰喜鹊（陈保成20151213 摄于昭阳村，葛强20160201 摄于魏庄）

区系分布与居留类型：［古］（R）。

物种保护： Ⅲ，Lc/IUCN。

参考文献： H703，M630，Zjb146；Q294，Z537/501，Zx144，Zgm189/207。

记录文献： 张乔勇 2017，朱曦 2008；赛道建 2017、2013，孙太福 2017，李久恩 2012，张培玉 2000，杨月伟 1999，宋印刚 1998，纪加义 1988a，济宁站 1985。

▶ 鹊属 *Pica*

喜鹊普通亚种　Common Magpie
Pica pica serica（Gould）

同种异名： 鸦鹊，野鹊；Black-billed Magpie，Magpie；*Corvus pica* Linnaeus，1758，*Pica serica* Gould，1845，*Pica media* Swinhoe，1863，*Pica pica sericea*（Gould）

形态特征： 嘴黑色。头、颈、胸、背黑色而具辉蓝色光泽；后头及后颈映紫辉色，背部稍沾蓝绿色。腰和两翼具大型白色斑，飞行时明显；腹、两胁纯白色。尾长、中央长两侧短呈凸型，尾羽黑色而带金属绿色光泽，末端有红紫色和深蓝绿色的辉光宽带；尾下覆羽黑色。脚黑色。

喜鹊（陈保成 20110329 摄于昭阳村）

生态习性： 栖息于平原、中低海拔山丘的城市、村落附近的疏林环境。单独、成对或成群活动。杂食性，捕食昆虫、小鸟、爬虫类、鼠类及谷物。繁殖期 3~8 月。每窝产卵 4~5 枚。卵产齐后雌鸟孵卵，孵化期 16~18 天。晚成雏，亲鸟共同育雏，育雏期约 30 天。

分布： ●（R）◎济宁，南四湖（陈保成 2009 1221）；任城区 - 太白湖（20140807、20181204，张月侠 20170429、20170613、20181002、20180326，王利宾 20141206），南阳湖农场（20180326）；曲阜 -（R）曲阜，泗河（马士胜 20141110），孔林（孙喜娇 20150506）；嘉祥县 - 洙赵新河（20140806）；微山县 - 白鹭湖（20180126），独山湾（20160411），高楼湿地（20160413、20180324，孔令强 20151208），欢城下辛庄（张月侠 20170401），蒋集河（20161209，张月侠 20161209），●（19831002）鲁桥（20160724），鲁山，留庄（20170303），马口（20170303），南阳湖农场（20161212），微山湖国家湿地（20151208、20170308，孔令强 20151211），●（1958 济宁一中）微山湖（陈保成 20091221，徐炳书 20110730），微山岛（20160218、20160726、20161004），夏镇（张月侠 20160404，西港 20170302），鱼种场（张月侠 20170501），袁洼渡口（张月侠 20170429），昭阳村（陈保成 20110329）；兖州 - 河南村（20160614），洸府河（20160614），前邴村（20161207）；梁山县 - 倪楼（葛强 20161003）；鱼台县 - 惠河（20170612），鹿洼煤矿塌陷区（张月侠 20170615、20180621），冯洼（张月侠 20180621），王鲁（张月侠 20170502），夏家（张月侠 20150503、20160613、20170502），西支河（张月侠 20180617），姚楼河（20180126），鹿口河（20180126）。

●◎滨州，●◎德州，（R）◎东营，（R）◎菏泽，●◎济南，◎聊城，（R）◎临沂，◎莱芜，●◎青岛，◎日照，（R）●◎泰安，（R）◎潍坊，●◎威海，◎烟台，◎枣庄，◎淄博；胶东半岛，鲁中山地，鲁西北平原，鲁西南平原湖区，山东。

除新疆、西藏外，各省（自治区、直辖市）可见。辽宁，河北，北京，河南，山西。

区系分布与居留类型：［古］（R）。

物种保护： Ⅲ，Lc/IUCN。

参考文献： H704，M636，Zjb147；Lc37，Q294，Z539/502，Zx145，Zgm193/211。

记录文献： 朱曦 2008；赛道建 2017、2013，孙太福 2017，李久恩 2012，张培玉 2000，杨月伟 1999，宋印刚 1998，纪加义 1988a，济宁站 1985。

▶ 鸦属 *Corvus*

达乌里寒鸦　Daurian Jackdaw
Corvus dauuricus（Pallas）

同种异名： 寒鸦，东方寒鸦，慈乌，慈鸦，燕乌，孝乌，小山老鸹（guā），侉（kuǎ）老鸹，麦鸦，白脖寒鸦，白腹寒鸦；—；*Corvus monedula dauuricus* Pallas，*Coloeus neglectus*（Schlegel），*Corvus monedula dauuricus* Pallas，1776，*Corvus neglectus* Schlegel，1859，*Coloeus dauricus khamensis* Bianchi，1906

形态特征： 嘴细小而色黑，头侧具白色细纹。耳羽处有灰白色羽毛以眼为中心呈放射状分布，形成一块不明显的斑驳灰色区域。体羽黑色具紫色光泽，后颈、颈侧、上背、胸、腹、两胁灰白色或白色，其余体羽黑色具紫蓝色金属光泽。肛羽具白色羽缘。脚黑色。雌鸟羽毛的光泽度较低，白色羽区中混有灰色。幼鸟色彩反差小。

达乌里寒鸦（1959 采于南阳湖，张保元提供）

生态习性： 栖息于山地丘陵、平原、农田旷野等生境。喜成群与其他鸦类混群活动。杂食性，在地上觅食各种昆虫、鸟卵、尸体、垃圾，以及植物和农作物，以植物性食物为主。繁殖期4～6月。每窝产卵4～7枚，雌鸟孵卵，孵化期20天左右。

分布： ●（R）济宁；微山县-（R）鲁山，●（1959济宁一中）南阳湖。

●滨州，◎东营，（R）菏泽，（R）◆◎济南，青岛，◎日照，（R）●泰安，（R）潍坊，淄博；胶东半岛，鲁中山地，鲁西北平原，鲁西南平原湖区。

除海南外，各省（自治区、直辖市）可见。

区系分布与居留类型：［古］（R）。

物种保护： Ⅲ，中日，Lc/IUCN。

参考文献： H719，M644，Zjb162；Lc43，Q300，Z552/515，Zx147，Zgm195/213。

记录文献： —；赛道建2017，纪加义1988a，济宁站1985。

秀鼻乌鸦普通亚种　Rook
***Corvus frugilegus pastinator*（Gould）**

同种异名： 风鸦，老鸹，山老公，山鸟；—；*Corvus*

pastinator Gould，1845，*Trypanocorax pastinator* Tugarinov（1929）

形态特征： 嘴黑色、圆锥形且尖端下弯，基部皮肤裸露不被羽、灰白色，特征明显。头顶呈拱圆形突出。通体黑漆色、除腹部外均具绿蓝色或紫蓝色光泽。两翼较长窄，翼尖"手指"显著。尾具铜绿光泽，飞行时呈楔形。脚黑色。幼鸟似成鸟而颜色较黯淡。嘴基部全被羽、无裸露区，下喙基部有时具一撮白色羽。眼睛灰蓝色。

秃鼻乌鸦（1958 采于南阳湖，张保元提供）

生态习性： 常栖息于平原、低山地带耕作区的阔叶林及人群密集居住区。早出晚归结群活动。杂食性，捕食农业害虫、腐尸、植物。繁殖期3～8月。每窝产卵3～6枚。雌鸟孵卵，雄鸟运送饵料，孵化期为16～18天。晚成雏，亲鸟共同育雏，育雏期约30天。

分布： ●（R）济宁；曲阜-（R）三孔；微山县-（R）鲁桥，马坡，●（1958济宁一中）南阳湖。

（R）◎东营，（R）菏泽，（R）济南，聊城，（P）青岛，（R）◎泰安，（R）潍坊；胶东半岛，鲁中山地，鲁西北平原，鲁西南平原湖区。

黑龙江，吉林，辽宁，内蒙古，河北，北京，天津，山西，河南，陕西，宁夏，甘肃，青海，新疆，安徽，江苏，上海，浙江，江西，湖南，湖北，四川，重庆，福建，台湾，广东，广西，海南。

区系分布与居留类型：［古］（R）。

物种保护： Ⅲ，中日，Lc/IUCN。

参考文献： H717，M646，Zjb160；Lc47，Q300，Z551/514，Zx146，Zgm196/213。

记录文献： —；赛道建2017、2013，纪加义1988a，济宁站1985。

小嘴乌鸦普通亚种 Carrion Crow
Corvus corone orientalis（Eversmann）

同种异名： 细嘴乌鸦；—；*Corvus orientalis* Eversmann，1841

形态特征： 嘴黑色而型小，嘴基被黑色羽。额弓低，喉、胸部羽呈矛尖状。体黑色具紫蓝色光泽。翅飞羽和尾羽暗黑褐色或多或少沾蓝绿色金属光泽。脚黑色。区别于秃鼻乌鸦的是嘴基部被黑色羽毛，区别于大嘴乌鸦的是额弓低而嘴形细小。

小嘴乌鸦（张月侠 20170101 摄于微山湖）

生态习性： 栖息于平原田野和村落附近高大乔木上。喜结群栖息活动。杂食性，以无脊椎动物为主要食物，也取食植物。繁殖期 4～7 月。每窝产卵4～7 枚，卵蓝绿色被近褐色线状或点斑密集而成的块状斑。雌鸟孵卵，孵化期 16～20 天。留巢期 26～35 天。

分布： 微山县 - 爱湖村（20180126），●（19840812）两城，微山湖（张月侠 20170101），昭阳村（20170306）。◎德州，（P）◎东营，（P）菏泽，●◆◎济南，（P）青岛，●日照，（PR）潍坊，◎威海，淄博；胶东半岛，鲁中山地，鲁西北平原，鲁西南平原湖区。

黑龙江，吉林，辽宁，内蒙古，河北，北京，天津，山西，河南，陕西，宁夏，甘肃，青海，新疆，上海，浙江，江西，湖南，湖北，四川，云南，福建，台湾，广东，海南，香港。

区系分布与居留类型：［古］（P）。

物种保护： 中日，Lc/IUCN。

参考文献： H721，M647，Zjb164；Lc50，Q300，Z555/517，Zx147，Zgm196/214。

记录文献： —；赛道建 2017、2013，纪加义1988a。

白颈鸦 Collared Crow
Corvus pectoralis（Lesson）

同种异名： 玉颈鸦，白脖乌鸦；—；*Corvus torquatus*[*1] Lesson

形态特征： 嘴粗厚而色黑。颈背、上胸具宽白色项圈，后颈、上背、颈侧白色向下延伸至前胸形成颈环，白色羽基部灰色、羽轴灰色、身体其他部分黑色。喉羽披针状，头、喉、肩、背、两翼和尾羽带紫蓝色光泽。腹部至尾下覆羽黑色，尾黑色具铜绿光泽。脚黑色。幼鸟全身黑色，白色部分土黄色或浅褐色；黑色部分暗、无紫绿色闪光。

白颈鸦（马士胜 20141110 摄于泗河，聂成林 201608 摄于太白湖）

生态习性： 栖息于平原、低山丘陵、河滩和河湾、城镇附近。性机警，常和其他鸦类白天混群觅食，晚上回树上栖息过夜。杂食性，主要捕食昆虫和蜗牛、泥鳅、小鸟等，啄食废弃物、谷物。繁殖期3～6 月。每窝产卵 2～6 枚。

分布： ●（R）◎济宁；任城区 - 太白湖（聂成林 201608）；曲阜 - 泗河（马士胜 20141110）；微山县 -（R）鲁山，●（1958 济宁一中）微山湖。

（R）◎东营，（R）菏泽，（R）◆◎济南，聊城，（R）◎泰安，（R）潍坊，●烟台；胶东半岛，鲁中山地，鲁西北平原，鲁西南平原湖区。

内蒙古，河北，北京，天津，山西，河南，陕西，甘肃，安徽，江苏，上海，浙江，江西，湖南，湖北，四川，重庆，贵州，云南，福建，台湾，广东，广西，海南，香港，澳门。

区系分布与居留类型：［东］（R）。

---

*1 del Hoyo 等（2009）认为 *Corvus torquatus* 为白颈鸦无效种。

物种保护： Nt/IUCN。

参考文献： H722，M650，Zjb165；Lc52，Q302，Z556/518，Zx148，Zgm197/215。

记录文献： —；赛道建 2017、2013，孙太福 2017，纪加义 1988a，济宁站 1985。

大嘴乌鸦普通亚种　Large-billed Crow
Corvus macrorhynchos colonorum（Swinhoe）

同种异名： 巨嘴鸦，老鸦，老鸹，粗嘴乌鸦；Jungle Crow；*Corvus sinensis* Swinhoe，1863，*Corvus colonorum* Swinhoe，1864，*Corvus coronoides* Stresemann，1916

形态特征： 嘴黑色、粗大，嘴峰弯曲，峰脊明显，头顶显著拱圆形。额陡突。喉部羽毛呈披针形，

大嘴乌鸦（楚贵元 20100228 摄于南阳湖）

具强烈绿蓝色或暗蓝色金属光泽。后颈羽毛柔软松散如发状，羽干不明显。通身羽毛纯黑色；上体除头顶、后颈和颈侧外，背、肩、腰、翼上覆羽和内侧飞羽均渲染显著蓝色、紫色和绿色的金属光泽。尾长，呈楔状；尾羽表面缀紫蓝色亮辉光泽，尾下覆羽尖端染蓝绿色光泽。脚黑色。

生态习性： 栖息于平原和山地各类型森林中。成对或与其他乌鸦混群活动，性机警。杂食性，捕食昆虫、雏鸟、鼠类、动物尸体和植物、农作物。繁殖期3～6月。每窝产卵3～5枚，雌雄鸟轮流孵卵，孵化期17～19天。晚成雏，雌雄共同育雏，留巢期26～30天。

分布：（R）济宁，南四湖；曲阜-（R）三孔；微山县-●（19831117）鲁桥，南阳湖（楚贵元 20100228），微山湖。

●滨州，（R）◎东营，（R）菏泽，（R）济南，（R）●◎泰安，◎烟台，淄博；胶东半岛，鲁中山地，鲁西北平原，鲁西南平原湖区。

内蒙古，河北，北京，天津，山西，河南，陕西，宁夏，甘肃，安徽，江苏，上海，浙江，江西，湖南，湖北，四川，重庆，贵州，云南，福建，台湾，广东，广西，海南，香港，澳门。

区系分布与居留类型：［古］（R）。

物种保护： Lc/IUCN。

参考文献： H720，M648，Zjb163；Lc54，Q300，Z554/516，Zx147，Zgm197/215。

记录文献： 朱曦 2008；赛道建 2017、2013，李久恩 2012，宋印刚 1998，纪加义 1988a，济宁站 1985。

20.7　山雀科 Paridae（Tits）

山雀科山雀属 *Parus* 分种检索表

1. 尾方形或略呈叉形，腹部纯黄色 ···················黄腹山雀 *P. venustulus*
   圆尾形 ··· 2
2. 头顶辉蓝黑色，背、腰灰色（上背或沾绿色）·······3 大山雀 *P. cinereus*
   头顶、后颈辉黑色或褐黑色，头部黑白分界线较水平，面部对比图案明显，颊喉部白色斑延伸至颈后，背浅棕褐色至橄榄褐色 ······沼泽山雀华北亚种 *P. palustris hellmayri*
3. 体形小，翅长 68～74 mm，尾羽上面纯蓝灰色，第Ⅱ对外侧尾羽白色斑小 ···········华北亚种 *P. c.minor*
   体形更小，翅长较前者短，尾羽上面蓝灰色，第Ⅱ对外侧尾羽白色斑更小 ···········华南亚种 *P. c.commixtus*

黄腹山雀 [1]　Yellow-bellied Tit
Pardaliparus venustulus（Swinhoe）

同种异名： —；—；*Parus venustulus* Swinhoe

形态特征： 嘴蓝黑色而短，头、喉胸斑黑色，颊

斑、颈后斑白色。上体蓝灰色，腰银白色，翼具两排白色点斑，下胸、腹鲜黄色。尾黑色，最外侧尾羽基部、其余尾羽中部外翈和羽端白色。雌鸟头部浓灰色，白色喉与颊斑之间有灰色下颊纹，眉具浅点。幼鸟似雌鸟但色暗，上体多橄榄色。脚蓝灰色。相似种绿背山雀体型较大，腹有宽黑色纵带。

---

[1] 纪加义等（1986）记为济宁市鸟类新记录。

黄腹山雀（赛道建 20170309 摄于太白湖）

沼泽山雀（刘兆瑞 20171213 摄于泰山玉泉寺）

生态习性： 栖息于中低海拔山地各种林型中。除繁殖期成对活动外，成群或混群活动在树冠间觅食。捕食昆虫、植物果实种子。繁殖期 4～6 月。每窝产卵 5～7 枚。

分布：（S）●（纪加义 198303xx-12xx）济宁；任城区 - 太白湖（20170309，张月侠 20171215）；曲阜 -（S）石门寺。

◎东营，（R）菏泽，（P）◎济南，●临沂，●◎青岛，◎日照，◎泰安，（R）潍坊，▲◎烟台；山东省东部，胶东半岛，鲁中山地，鲁西北平原，鲁西南平原湖区。

黑龙江，吉林，内蒙古，河北，北京，山西，河南，陕西，宁夏，甘肃，青海，安徽，江苏，上海，浙江，江西，湖南，湖北，四川，贵州，云南，福建，广东，广西，香港。

区系分布与居留类型：［东］W（RP）。

物种保护： Ⅲ，Lc/IUCN。

参考文献： H1104，M860，Zjb549；Q472，Z883/822，Zx191，Zgm338。

记录文献： —；赛道建 2017、2013，孙太福 2017，纪加义 1988c、1986，济宁站 1985。

沼泽山雀华北亚种　Marsh Tit
***Poecile palustris hellmayri*（Bianchi）**

同种异名： 仔仔红，红子，小仔伯，小豆雀，唧唧鬼；—；*Parus palustris* Linnaeus

形态特征： 雄雌同形同色。嘴黑色，头顶辉黑色，头侧白色，颏黑色。上体深橄榄褐色，下体灰白

色后部沾黄色，两胁皮黄色。脚铅黑色。

生态习性： 常林中高大乔木树冠层活动。单独或成对活动。捕食昆虫也采食植物。繁殖期 3～5 月。在树洞和墙壁缝隙中营巢。每窝产卵 4～6 枚。雌雄亲鸟轮流孵卵，孵化期 14～16 日。晚成雏，育雏期 14～16 天。本地虽有分布记录，但无标本、照片实证。

分布：（R）济宁，（R）南四湖；邹城 -（R）西苇水库。

（R）◎东营，（R）菏泽，（R）济南，聊城，●青岛，●日照，（R）●泰安，◎烟台，淄博；胶东半岛，鲁中山地，鲁西北平原，鲁西南平原湖区。

内蒙古，河北，北京，天津，山西，河南，安徽，江苏，上海。

区系分布与居留类型：［古］（R）。

物种保护： Ⅲ，Lc/IUCN。

参考文献： H1109，M852，Zjb555；Q474，Z889/828，Zx191，Zgm203/335。

记录文献： 朱曦 2008；赛道建 2017、2013，宋印刚 1998，纪加义 1988c，济宁站 1985。

大山雀　Cinereous Tit
***Parus cinereus*（Päckert et al.）**

同种异名： 白颊山雀，呼呼黑；Great Tit；*Parus major* Linnaeus，*Parus major artatus* Thayer et Bangs

形态特征： 嘴黑色，整个头部黑色，头两侧各具一大型白斑，喉辉黑色。枕、颈背具白色块斑，上体灰蓝色沾绿色，翼具一道醒目白色条纹，下体黄白色，中央具贯纵带黑色斑。中央一对尾羽蓝灰色、羽干黑色。脚暗褐色或紫褐色。雌鸟体色稍暗淡，缺少光泽，腹部黑色纵纹较细。幼鸟似成鸟。黑色部分较浅淡沾褐色，缺少光泽，喉部黑色斑较小，腹灰色和白色部分沾黄绿色，无黑色纵纹或纵纹不明显。

大山雀（聂成林 20100310 摄于太白湖，宋泽远 20140407 摄于太白湖）

生态习性： 栖息于低山和山麓及山麓和邻近平原地带各种林中。性活泼，行动敏捷。繁殖期成对，秋冬季节成小群活动。主要捕食昆虫、蜘蛛、蜗牛等小动物，也食草籽。繁殖期4～8月。每窝产卵6～13枚。晚成雏，雌雄亲鸟共同育雏，育雏期15～17天。

华北亚种 *P. c. minor* Temminck et Schlegel
Parus major artatus Thayer et Bangs

分布： ●（R）◎济宁，南四湖；任城区 - 太白湖（20160410、20170309、20170911，宋泽远 20140407，聂成林 20100310），三号井（20170909），洸府河（20170909）；梁山县 - 张桥（葛强 20150926）；曲阜 -（R）曲阜，孔林（孙喜娇 20150423），沂河公园（20141220）；微山县 - 爱湖薛河（20170305，张月侠 20170430），独山湾（20160411），二级坝（20160415），高楼（20160413、20180324），韩庄苇

场（20151208），湖东大堤内滩（20170305），蒋集河（20161209、20170304，张月侠 20161209、20170304），欢城下辛庄（张月侠 20160403、20160502、20170401），●（19840309）鲁桥，南阳湖农场（20170310），微山岛（20160218，张月侠 20160404），●（1958 济宁一中）微山湖，（徐炳书 20160116），夏镇（张月侠 20160404），袁洼（张月侠 20160405），昭阳村（20170306，陈保成 20091122），枣林村（20161004）。

●◎滨州，◎德州，（R）◎东营，（R）◎菏泽，（R）◎济南，聊城，（R）◎临沂，◎莱芜，●青岛，◎日照，（R）●◎泰安，◎潍坊，◎威海，●▲◎烟台，◎枣庄，◎淄博；胶东半岛，鲁中山地，鲁西北平原，鲁西南平原湖区，山东。

黑龙江，吉林，辽宁，内蒙古，河北，北京，天津，山西，陕西，宁夏，甘肃，青海，安徽，江苏，上海，浙江，湖北，四川，重庆，广东。

华南亚种 *Parus cinereus commixtus* Swinhoe
Parus major commixtus Swinhoe

亚种命名： Swinhoe，1868，Ibis（2）4：63（福建长汀）。

分布： 南四湖；曲阜。
济南，聊城，临沂，青岛，泰安。
江苏，上海，浙江，江西，湖南，四川，贵州，云南，福建，台湾，广东，广西，香港。

区系分布与居留类型： ［广］（R）。

物种保护： Ⅲ，Lc/IUCN。

参考文献： H1099，M862，Zjb544；Lb601，Q470，Z879/818，Zx192，Zgm205/339。

记录文献： 朱曦 2008；赛道建 2017、2013，孙太福 2017，李久恩 2012，张培玉 2000，杨月伟 1999，宋印刚 1998，纪加义 1988c，济宁站 1985。

20.8 攀雀科 Remizidae（Penduline Tits）

▶ **攀雀属** *Remiz*

中华攀雀 Chinese Penduline Tit
Remiz consobrinus（Swinhoe）

同种异名： 攀雀；Penduline Tit；*Remiz pendulinus consobrinus*（Swinhoe），*Motacilla pendulinus* Linnaeus，1758，*Aegithalus consobrinus* Swinhoe，1870

形态特征： 嘴灰黑色，下嘴色淡。顶冠灰色，额基、颊、耳黑色，颊下、眉纹白色。后颈栗色、上背棕褐色，腰、尾基沙褐色，下体皮黄色。尾暗褐色，羽缘皮黄色，凹形。脚蓝灰色。雌鸟及幼鸟头顶暗灰白色，羽干褐色，额、颊、耳棕栗色。雌鸟似雄鸟，羽色淡而少光泽。

生态习性： 栖息于针叶林或混交林及低山开阔的村庄和平原地区的芦苇地环境。主要捕食昆虫，也采食植物。繁殖期4～6月。雄鸟筑巢，每巢产卵约4

东方大苇莺（杜文东 20180624 摄于太白湖）

形态特征：上嘴黑色，下嘴肉色，嘴基至枕具清晰黑色纵纹。贯眼纹自眼先至眼后、淡棕褐色，眉纹淡黄褐色、上缘黑褐色、形成黑、黄白色双眉，延伸至枕部甚显著；颊部和耳羽褐色；耳羽及颊淡灰褐色。上体暗褐色，下体偏白色，两胁暗棕色。胸、胁缀深棕褐色；喉、胸、腹乳白色，胸、腹侧及胁带灰褐色，尾暗褐色，脚粉褐色。

苇茎顶部鸣叫，受惊则隐藏于芦苇丛中。捕食昆虫。繁殖期 5～7 月。每窝产卵 4～6 枚，雌鸟孵卵，孵化期 11～13 天。晚成雏。

分布：●（P）◎济宁，（P）南四湖；任城区 - 太白湖（20160723，张月侠 20150620，杜文东 20180624、20180826）；梁山县 - 赵坝（葛强 20150504）；微山县 - ●（19830917）鲁桥，微山湖国家湿地（张月侠 20160610），●（1958 济宁一中）微山湖（徐炳书 20090613、20110514），袁洼渡口（张月侠 20170613），昭阳村（陈保成 20080601，赵迈 20170512）；鱼台县 - 鹿洼（张月侠 20160505、20160613、20170615、20180621）；邹城 -（P）西苇水库。

●滨州，◎德州，（S）◎东营，（S）菏泽，（S）◎济南，（S）聊城，◎莱芜，青岛，●（S）◎日照，（S）●◎泰安，◎潍坊，◎威海，◎烟台，淄博；胶东半岛，鲁中山地，鲁西北平原，鲁西南平原湖区，山东。

除西藏外，各省（自治区、直辖市）可见。

区系分布与居留类型：［古］（S）。

物种保护：Ⅲ，中日，澳。

参考文献：H985，M961，Zjb432；Lc152，Q426，Z785/732，Zx182，Zgm218/314。

记录文献：—；赛道建 2017、2013，李久恩 2012，宋印刚 1998，纪加义 1988b，济宁站 1985。

黑眉苇莺 Black-browed Reed Warbler *Acrocephalus bistrigiceps*（Swinhoe）

同种异名：柳叶儿，口子喇子；Schrenk's Reed Warbler；—

黑眉苇莺（马士胜 20151029 摄于泗河）

生态习性：栖息于低山、山脚平原地带。繁殖期在开阔草地上的小灌木或蒿草梢上鸣叫。捕食昆虫。繁殖期 5～7 月。每窝产卵 4～5 枚。雌雄亲鸟育雏，育雏期 11～12 天，雏鸟即可离巢。

分布：◎济宁；曲阜 - 泗河（马士胜 20151029）；微山县 - 微山湖。

（P）◎东营，◎济南，聊城，◎莱芜，（P）青岛，（P）◎日照，◎泰安，◎烟台；胶东半岛，鲁中山地，鲁西北平原。

黑龙江，吉林，辽宁，内蒙古，河北，北京，天津，山西，河南，陕西，安徽，江苏，上海，浙江，江西，湖南，湖北，云南，福建，台湾，广东，广西，海南，澳门。

区系分布与居留类型：［古］（P）。

物种保护：Ⅲ，中日，Lc/IUCN。

参考文献：H988，M954，Zjb435；Lc156，Q426，Z787/734，Zx181，Zgm218/313。

记录文献：—；赛道建 2017、2013，李久恩 2012，纪加义 1988b。

▶ 厚嘴苇莺属 *Arundinax*

厚嘴苇莺东北亚种[*1] Thick-billed Warbler
Arundinax aedon[*2] *rufescens* Stegmann

同种异名： 芦莺东北亚种，树莺，芦串儿，大嘴莺；Thick-billed Reed Warbler；*Phragamaticola aedon*（Pallas），*Acrocephalus scirpaceus*，*Phragamaticola aedon rufescens* Stegmann

　　形态特征： 体大无纵纹苇莺。嘴粗短，嘴须发

厚嘴苇莺（孙劲松 20090528 摄于孤岛公园，陈忠华 20140823 济南南部山区门牙风景区）

达、具副须。上嘴黑褐色，下嘴浅褐色。眼先、眼周皮黄色。上体自头顶至背、肩部橄榄棕褐色；腰和尾上覆羽鲜亮棕褐色。下体腹部中央白色微沾棕黄色，胸、胁、尾下覆羽淡棕色。尾长、凸型，棕褐色缀不明显暗褐色横斑纹，羽缘淡棕色。脚灰褐色。

　　生态习性： 栖息于低海拔山地、丘陵和山脚平原地带。单独或成对在茂密灌丛、草丛中活动觅食，捕食昆虫及蜘蛛、蛞蝓等小型动物。繁殖期 5～8 月。每窝产卵 5～6 枚，雌鸟孵卵，孵化期 11～14 天。育雏期 13～15 天。本地虽有分布记录，但无标本、照片实证。

　　分布： 济宁；微山县-微山湖。

　　◎东营，（P）菏泽，◎济南，（P）日照，（P）泰安，◎烟台；鲁中山地，鲁西北平原，鲁西南平原湖区。

　　黑龙江，吉林，辽宁，内蒙古，河北，北京，天津，山西，河南，陕西，上海，江西，湖南，湖北，四川，贵州，云南，福建，广东，广西，香港，澳门。

　　区系分布与居留类型：［古］（P）。

　　物种保护： Lc/IUCN。

　　参考文献： H994，M963，Zjb441；Q428，Z790/737，Zx182，Zgm220/314。

　　记录文献： —；赛道建 2017，李久恩 2012，纪加义 1988b。

20.12 蝗莺科 Locustellidae（Bush Warblers and Grasshopper Warblers）

▶ 蝗莺属 *Locustella*

小蝗莺指名亚种 Pallas's Grasshopper Warbler
Locustella certhiola certhiola（Pallas）

同种异名： 蝗虫莺，柳串儿，扇尾莺，花头扇尾；Pallas's Warbler，Pallas's Grasshopper Warbler；*Motacilla certhiola* Pallas，1811，*Locustella rubescens* Blyth，1845，*Locustella minor* David & Oustalet，1877，Rusty-rumped Warbler

　　形态特征： 嘴暗褐色，下嘴基部黄褐色。贯眼纹暗褐色，眉纹淡棕色。眼先、耳羽棕褐色。前额橄榄褐色。喉、颏白色。颈项边缘灰白色。上体橙

小蝗莺（朱星辉 20160910 摄于滨州市无棣县岔尖，孙虎山 20170530 摄于烟台市牟平县养马岛）

---

*1 卢浩泉和王玉志（2003）记为山东鸟类新记录。

*2 芦莺，山东分布记录有 *Phragamaticola aedon aedon* 和 *P. a. rufescens* 2 个亚种（纪加义等 1988c），卢浩泉和王玉志（2003）称其棕腹柳莺 *Phragamaticola aedon*，并认为山东已无分布。

褐色至橄榄褐色，白色头顶至背部黑褐色纵纹显著，腰部色泽略淡。下体胸部淡棕褐色，有的具黑褐色斑点；腹近白色。胁及尾下覆羽橄榄褐色至淡黄褐色，后者先端泛白色。尾羽暗棕褐色、暗色横纹隐约显现，近端色较黑、先端缀显著灰白色端斑，中央 2 枚尾羽无近端黑色斑且端白色呈棕褐色。脚暗褐色。

生态习性：栖息于湖泊、河流等水域附近的沼泽地带。单独或成对活动，性怯善藏匿。在草灌丛地面上觅食，捕食昆虫、采食少量植物。繁殖期 5～7 月。在地面上营巢，每窝产卵 4～6 枚。本地虽有分布记录，但无标本、照片实证。

分布：济宁；曲阜 - 孔林；微山县 - 微山湖。

（P）◎东营，（P）菏泽，（P）●青岛，日照●，潍坊，威海；胶东半岛，鲁中山地。

黑龙江，吉林，辽宁，内蒙古，河北，北京，天津，山西，河南，江苏，上海，浙江，江西，湖南，湖北，云南，福建，台湾，广东，广西，海南，香港，澳门。

区系分布与居留类型：［古］（P）。

物种保护：Lc/IUCN。

参考文献：H977，M946，Zjb424；Lc142，Q424，Z780/728，Zx180，Zgm225/311。

记录文献：朱曦 2008；赛道建 2017、2013，李久恩 2012，张培玉 2000，杨月伟 1999，纪加义 1988b。

20.13　燕科 Hirundinidae（Martins and Swallows）

燕科分属、种检索表

1. 腰蓝黑色，腹面无深色纵纹，停栖时翼长不及尾端；前颈具黑色横带 ················ 2 燕属 Hirundo、家燕 H. rustica
   腰栗色，腹面具深色纵纹，脸颊栗色向后延伸成颈环 ················ 3 金腰燕属 Ceropis，金腰燕 C. daurica
2. 腹部白色，有时沾棕色，翅长＜120 mm ················ 家燕普通亚种 Hirundo rustilca gutturalis
   腹部非白色，为淡赭色，颏和喉栗红色 ················ 家燕北方亚种 H. r.tyterli
3. 翅长＞120 mm，下体深棕黄色，纵纹少而细，腰几无细纹 ················ 青藏亚种 Cecropis daurica gephrya
   翅长＜120 mm，下体棕黄色，纵纹多而粗，腰色暗而纵纹明显 ················ 普通亚种 C. d. japonica
   翅长＜120 mm，下体色淡，纵纹较少，腰暗棕色向尾部渐淡 ················ 西南亚种 Cecropis daurica nipalensis

▶ **燕属 *Hirundo***

家燕普通亚种　Barn Swallow
Hirundo rustica gutturalis（Scopoli）

同种异名：燕子，拙燕；House Swallow；*Hirundo gutturalis* Scopoli，1786，*Hirundo tytleri* Jerdon，1864，*Hirundo rustica afghanica* Koelz，1939

形态特征：嘴黑褐色，短而宽扁，基部宽大呈三角形；上喙近先端有一缺刻，口裂极深，嘴须不发达。额红褐色，前额深栗色，喉具栗红色斑。上体从头顶到背、尾上覆羽蓝黑色而富有金属光泽。翅黑色，狭长而尖似镰刀。下体颏、喉和上胸栗色或棕栗色后有一黑色环带，有的中段被栗色侵入而中断；下胸、腹和尾下覆羽白色或棕白色、淡棕色和淡赭桂色，随亚种而不同，但无斑纹。尾羽黑色，近末端有白色点斑。跗蹠及趾黑色，脚短而细弱。

生态习性：栖息于中、低海拔的开阔地带。常成群停落在村落附近的树枝、电线上，早晚最为活跃，在空中飞翔张嘴捕食昆虫。繁殖期 4～7 月。每年多繁殖 2 窝，每窝产卵 4～5 枚。孵卵期 14～15

家燕（徐炳书 20120623 摄于微山湖，孙喜娇 20150415 摄于孔林）

天。晚成雏，育雏期约 20 天，离巢后幼燕常与亲鸟一起活动。

分布：●（RS）◎济宁，京杭运河（张月侠 20150503），（S）南四湖（徐炳书 20120708，吕艳

20180816）；任城区-洸府河（宋泽远 20120603），太白湖（20160723、20161003、20170613，张月侠 20150620、20160504），吴村（张月侠 20170613）；嘉祥-洙赵新河（20140806）；梁山县-邓庄（葛强 20160722）。曲阜-曲阜，孔林（孙喜娇 20150415）；微山县-爱湖村（20160725），独山湾（20160724），欢城下辛庄（张月侠 20170430、20170614），南阳岛（20170611，张月侠 20150501、20160406、20160503、20160604、20170503、20180620），微山湖国家湿地（张月侠 20160610），泗水河（20160724），微山湖（20160725，张建 20120612，徐炳书 20120623），微山岛（20160218，张月侠 20160404），吴村渡口（张月侠 20160405、20170613、20180618），夏镇（於德金 20150426），小卜湾村岛（20170806），鱼种场（20170614，张月侠 20170614、20180619，种晓晴 20120623），袁洼（张月侠 20170613），张北庄（20160724）；兖州-河南村（20160614），前邴村（20160722），鱼台-西支河（张月侠 20180617），鹿洼（张月侠 20170615），夏家（张月侠 20180621）。

● ◎滨州，◎德州，（S）◎东营，（S）菏泽，（S）●济南，◎聊城，（S）临沂，◎莱芜，（S）●青岛，●▲◎日照，（S）●泰安，●◎潍坊，◎威海，◎烟台，◎枣庄，◎淄博；胶东半岛，鲁中山地，鲁西北平原，鲁西南平原湖区，山东。

各省（自治区、直辖市）可见。

区系分布与居留类型：［古］（S）。

物种保护：Ⅲ，中日，中澳，Lc/IUCN。

参考文献：H589，M882，Zjb29；Lb631，Q248，Z433/404，Zx119，Zgm228/169。

记录文献：张乔勇 2017，朱曦 2008；赛道建 2017、2013，孙太福 2017，李久恩 2012，张培玉 2000，杨月伟 1999，宋印刚 1998，纪加义 1987d，济宁站 1985。

▶ 金腰燕属 *Ceropis*

金腰燕普通亚种　**Red-rumped swallow**
Cecropis daurica japonica Temminck et Schlegel

同种异名：赤腰燕，巧燕，黄腰燕；Golden-rumped swallow；*Hirundo daurica* Laxmann，*Hirundo daurica* Linnaeus，1771，*Hirundo alpestris japonica* Temminck et Schlegel，1845。

形态特征：喙黑褐色，短而宽扁，基部宽大呈倒三角形。眼先棕灰色、羽端色略黑，耳羽暗棕黄色具黑色羽干纹。自眼后上方至颈侧栗黄色与枕部栗色相

金腰燕（赛道建 20160724 摄于张北庄，张月侠 20150502 摄于南阳岛）

接。上体自额至尾上覆羽黑色具辉蓝色光泽，腰部具显著栗黄色的腰带。尾长、深叉状，尾羽黑褐色。跗蹠及趾黑色，短而细弱，趾三前一后。

生态习性：栖息于低山及平原农村附近的空旷地区。喜群居，有时和家燕混飞。捕食飞翔昆虫。繁殖期 4～9 月。每年可繁殖 2 次，每窝产卵 4～6 枚，孵化期约 17 天，育雏期 26～28 天。

分布：● ◎济宁，南四湖-南阳岛（20170611，张月侠 20150501、20150502）；任城区-太白湖（20170613）；曲阜；微山县-欢城下辛庄（张月侠 20170614），马口（20151210），南阳岛（张月侠 20150502、20160502、20170503），●（1958 济宁一中）微山湖，吴村渡口（张月侠 20160611、20170613），张北庄（20160724），爱湖村（张月侠 20180620）。枣庄-滕州-红荷湿地（20160724）。

● ◎滨州，◎德州，（S）◎东营，（S）菏泽，●（S）◎济南，◎聊城，（S）临沂，◎莱芜，（S）●青岛，（S）●◎泰安，●（S）潍坊，◎威海，●◎烟台，淄博；胶东半岛，鲁中山地，鲁西北平原，鲁西南平原湖区，山东。

黑龙江，吉林，辽宁，内蒙古，河北，北京，天津，山西，河南，陕西，甘肃，安徽，江苏，上海，浙江，江西，湖南，湖北，四川，重庆，贵州，云南，福建，台湾，广东，广西，香港，澳门。

西南亚种　*Cecropis daurica nipalensis*[*1]（Hodgson）

分布：济宁-吴村（张月侠 20170613）。

[*1]　依张月侠所摄照片鉴定，为南四湖鸟类金腰燕亚种新记录。

（S）●青岛，（S）●烟台；（P）胶东丘陵。
广西，云南，西藏。

区系分布与居留类型：［广］（S）。

物种保护：Ⅲ，中日，Lc/IUCN。

参考文献： H591，M884，Zjb31；Lb644，Q250，Z435/406，Zx120，Zgm230/169。

记录文献：—；赛道建 2017、2013，孙太福 2017，李久恩 2012，纪加义 1987d，济宁站 1985。

20.14 鹎科 Pycnonotidae（Bulbuls）

鹎科分属、种检索表

喙型特别短厚如雀喙，鼻孔几乎全被羽毛遮盖 ·················· 鹦嘴鹎属 Spizixos、领雀嘴鹎 S. semitorques

喙型适中，鼻孔裸露，跗蹠比嘴峰长＞2 mm，头顶白色 ·················· 鹎属 Pycnonotus、白头鹎 P. sinensis

▶ **鹦嘴鹎属 Spizixos**

领雀嘴鹎指名亚种[*1] **Collared Finchbill**
Spizixos semitorques semitorques（Swinhoe）

同种异名： 绿鹦嘴鹎，白环鹦嘴鹎，青冠雀；Collared Finch-billed Bulbul，Swinhoe's Finch-billed Bulbul；Spizixus cinereicapillus Swinhoe，1871

　　形态特征： 喙粗厚而短，黄白色，嘴峰下弯、近尖端有缺刻；下喙、喉黑灰色，下喙基有白色斑。前额白色，额、头黑色，冠羽浓密而长。脸黑色，脸颊、耳羽有数条白色细纹。头顶与颈后石板灰色。额基近鼻孔处和下嘴基部各有一束白色羽。颏、喉黑色。上体背、肩、腰和尾上覆羽橄榄绿色，腰及尾上覆羽带有黄色。白色颈环将黑色喉与下体橄榄黄色分开。尾方形，尾羽黄绿色具暗褐色或黑褐色端斑，尾上覆羽色稍浅淡。跗蹠短且弱，肉褐色。

领雀嘴鹎（王旭 20170312 摄于九仙山）

[*1] 南四湖地区分布，依据王旭提供照片鉴定为南四湖地区分布新记录，尚需标本鉴定结果佐证。

栖息地与习性： 栖息于山地森林和林缘地带不同生境。常成群、成对或单独活动。杂食性。繁殖期3～7月。每窝产卵3～4枚。

　　分布： 曲阜-九仙山（王旭 20170312），孔林。
◎济南，◎临沂，◎莱芜，◎日照，◎泰安。
山西，河南，陕西，甘肃，安徽，上海，浙江，江西，湖南，湖北，四川，重庆，贵州，云南，福建，广东，广西。

区系分布与居留类型：［东］SW。

物种保护：Ⅲ，Lc/IUCN。

参考文献： H626，M892，Zjb66；Lc97，Q262，Z471/438，Zx130，Zgm232/183。

记录文献：—；赛道建 2017，孙太福 2017。

▶ **鹎属 Pycnonotus**

白头鹎指名亚种 Light-vented Bulbul
Pycnonotus sinensis sinensis（Gmelin）

　　同种异名： 白头翁；Chinese Bulbul；Muscicapa sinensis（Gmelin，1789），Ixos sinensis Swinhoe（1863）

　　形态特征： 橄榄绿色鹎。嘴黑色。额至头顶黑色富光泽，两眼上方至后枕白色形成白色枕环，耳羽后部有白色斑，白色环与白色斑在黑色头部极为醒目，老鸟白色环、白色斑更洁白。颏、喉白色。上体背和腰褐灰色或橄榄灰色。翼稍带黄绿色。胸部灰色较深形成不明显宽阔胸带，腹白色或灰白色具黄绿色纵纹。尾暗褐色具黄绿色羽缘。脚黑色。雌鸟枕部白色不如雄鸟清晰醒目。幼鸟头橄榄色。

　　生态习性： 栖息于林区及林缘地带、果园、农田、村落和公园。性活泼，善鸣叫，冬季可集成大群。杂食性。繁殖期4～8月，一季可繁殖1～2次。每窝产卵3～5枚，孵化期约14天。雌雄鸟共同育雏，育雏期约14天。

　　分布： ●（R）◎济宁，南四湖-龟山岛（2015 0730）；任城区-洸府河（20170909），三号井（2017

白头鹎（陈保成 20150711 摄于昭阳村，张月侠 20150503 摄于王鲁，赛道建 20170614 摄于微山湖国家湿地公园）

0909）、太白湖（20160411、20160723、20161003、2017 0613、20181204、张月侠 20170429、20170613、2018 0123、20180618、20181002，王利宾 20150705、王秀璞 20151209、20160411、吕艳 20180817、杜文东 20180616），南阳湖农场（20180326，张月侠 2017 0613）；嘉祥 - 洙赵新河（20140806、20161002）；梁山县 - 魏庄（葛强 20150501）；曲阜 - 孔林（孙喜娇 20150415），孔庙（20140802），沂河公园（20140803、20141220）；微山县 - 爱湖村（张月侠 20160502、20170430），二级坝（20160223），欢城下辛庄（20170614，张月侠 20160502、20160609、20170614、20170430），留庄（楚贵元 20110603），鲁山（20110924），● （19840516）鲁桥，南阳岛（20170611，张月侠 20160406），南阳湖农场（20161212），

微山湖国家湿地公园（20151208、20160222、20160725、20170308、20170614、20181007，张月侠 20160502、20160610），● （1958 济宁一中）微山湖（徐炳书 20100926、20110514），微山岛（20161004、201607 26、20180908），吴村渡口（张月侠 20160622、2018 0618），袁洼渡口（张月侠 20170503、20170612），夏镇（於德金 20150529），新河师庄（20170613），徐庄湖上庄园（20170614），小卜湾村岛（20170806），薛河（韩汝爱 20180616），鱼种场（20170614，张月侠 20170614），昭阳村（陈保成 20150711），枣林村（20161004）；兖州 - 洸府河（20160614），西北店（20160614），前邴村（20160722），人民乐园（20160723）；鱼台县 - 王鲁（张月侠 20150503、20170502），鹿洼煤矿塌陷区（张月侠 20150502），惠河（20170612），西支流（张月侠 20170503、2017 0612），复新河（张月侠 20180620），夏家（张月侠 20150503），● （1958 济宁一中）张黄镇。

◎滨州，◎德州，（S）◎东营，（R）◎菏泽，（R）◎济南，聊城，（RS）◎临沂，◎莱芜，◎青岛，◎日照，（R）●◎泰安，◎潍坊，◎威海，◎烟台，◎枣庄，◎淄博；胶东半岛，鲁中山地，鲁西北平原，鲁西南平原湖区。

辽宁，河北，北京，天津，山西，河南，陕西，甘肃，青海，安徽，江苏，上海，浙江，江西，湖南，湖北，四川，重庆，贵州，云南，福建，广东，广西，海南，香港，澳门。

区系分布与居留类型：［东］R（RS）。

物种保护：Ⅲ，Lc/IUCN。

参考文献：H632，M898，Zjb72；Lc101，Q264，Z477/444，Zx131，Zgm234/185。

记录文献：朱曦 2008；赛道建 2017、2013，孙太福 2017，李久恩 2012，张培玉 2000，杨月伟 1999，宋印刚 1998，纪加义 1988a，济宁站 1985。

20.15 柳莺科 Phylloscopidae（Leaf-warblers）

柳莺科柳莺属 *Phylloscopus* 分种检索表

1. 有翼带斑，腰具黄色带斑 ·· 2
   无翼带斑 ·· 3
2. 尾无白色 ··· 黄腰柳莺 *P. proregulus*
   外侧 3 对尾羽内翈白色，翅＜61 mm，嘴短、先端不曲，下嘴除嘴基外均为黑褐色 ·········· 黄眉柳莺 *P. inornatus*
3. 第Ⅱ枚初级飞羽不具削边，额、喉黄色与白色胸部差别明显，眉纹宽达枕部 ·················· 4 极北柳莺 *P. borealis*
   第Ⅱ枚初级飞羽具削边，额、喉黄色与白色胸部差别明显 ·· 5
4. 上体灰橄榄绿色，头、背同色；下体纯白色沾黄色，第Ⅰ枚初级飞羽狭而尖、短小，长度不超过翅上覆羽，第Ⅲ枚初级飞羽不是最长 ·· 指名亚种 *P. b. borealis*

上体鲜绿色，头顶较背色暗，具不显著淡绿色冠纹；第Ⅲ枚初级飞羽最长 ·················· 堪察加亚种 *P. b. xanthodryas*

5. 下体纯草黄色或棕黄色，下嘴黑褐色仅基部黄色 ······························ 棕腹柳莺 *P. subaffinis*

　下体不呈纯黄色 ·· 6

6. 嘴形厚，鼻孔处＞3 mm，下嘴黄褐色 ·· 巨嘴柳莺 *P. schwarzi*

　嘴形细，厚度＜3 mm，翅下覆羽、腋羽棕黄色或棕白色 ·· 7

7. 下嘴基黄褐色，腹面淡绿白色具黄色纵纹，腋羽、尾下覆羽橙棕色 ········· 棕眉柳莺指名亚种 *P. armandii armandii*

　下嘴基黄褐色，先端暗褐色，腹面淡棕白色无黄色纵纹，腋羽、尾下覆羽棕白色 ····· 褐柳莺指名亚种 *P. fuscatus fuscatus*

褐柳莺指名亚种　Dusky Warbler
Phylloscopus fuscatus fuscatus（Blyth）

同种异名： 褐色柳莺，嘎叭嘴；Willow Warbler, Leaf Warbler；—

形态特征： 上嘴黑褐色，下嘴橙黄色，尖端暗褐色。眉斑从额基到枕部前段偏白色、后段皮黄色，贯眼纹暗褐色自眼先经眼向后伸至枕侧。颊和耳覆羽褐色杂浅棕色。颏、喉白色沾皮黄色。上体灰褐色，两翼短圆，飞羽有橄榄绿色羽缘，下体乳白色。胸淡棕褐色，腹白色沾皮黄色或灰色，胁棕褐色。尾暗褐色。脚淡褐色。

褐柳莺（葛强 20160413 摄于魏庄）

生态习性： 栖息于灌丛地带及林地、林缘与灌丛。单独、成对活动。捕食昆虫。繁殖期5～7月。巢球状开口于顶端，每窝产卵4～6枚。

分布： 济宁（P）◎，（P）运河林场；梁山县-魏庄（葛强 20160413）；曲阜-曲阜师大校园（高晓东 20141002）。

（P）◎东营，（P）菏泽，（P）◎济南，（P）青岛，◎日照，（P）●泰安，◎▲烟台。

各省（自治区、直辖市）可见。

区系分布与居留类型：［古］（P）。

物种保护： Ⅲ，Lc/IUCN。

参考文献： H1008，M975，Zjb456；Lc160，Q434，Z801/748，Zx183，Zgm 240/317。

记录文献： —；赛道建 2017、2013，孙太福 2017，纪加义 1988b，济宁站 1985。

棕腹柳莺 [*1]　Buff-throated Warbler
Phylloscopus subaffinis（Ogilvie-Grant）

同种异名： 柳串儿；Buff-bellied Willow Warbler, Chinese Willow Warbler；*Phylloscopus subaffinis subaffinis* Ogilvie-Grant，*Phylloscopus affinis subaffinis* Ogilvie-Grant

形态特征： 两性羽色相似。上嘴黑褐色，下嘴淡褐色，基部黄色。眉纹皮黄色。上体自额至尾上覆羽，包括翅上内侧覆羽均呈橄榄褐色；腰和尾上覆羽色稍淡；飞羽、尾羽及翅上外侧覆羽黑褐色，外缘为黄绿色。外侧3枚尾羽具狭白色羽缘。下体概呈棕黄色，但颏、喉色较淡，两胁色较深暗。脚褐色。

棕腹柳莺（马涛 20171225 摄于甘肃省兰州市榆中县）

生态习性： 栖息于阔叶林、针叶林缘的灌丛、草甸。性活泼，单独、成对或小群活动。捕食昆虫。繁殖期5～9月。巢杯形，巢口开于侧面，每窝约产4枚卵。本地虽有分布记录，但无标本、照片实证。

分布：（P）济宁；微山县-（P）鲁桥，微山湖。（PW）潍坊；胶东半岛、鲁中山地。

陕西，甘肃，青海，新疆，安徽，江苏，上海，浙江，江西，湖南，湖北，四川，重庆，贵州，云南，福建，广东，广西。

---

*1 卢浩泉和王玉志（2003）认为山东分布已消失，赛道建（2017）视为无分布。

区系分布与居留类型：［广］（P）。

物种保护：Ⅲ，Lc/IUCN。

参考文献：H1006，M978，Zjb454；Q432，Z799/746，Zx183，Zgm241/318。

记录文献：—；赛道建 2017、2013，李久恩 2012，纪加义 1988b，济宁站 1985。

棕眉柳莺指名亚种[*1] Yellow-streaked Warbler
Phylloscopus armandii armandii（Milne-Edwards）

同种异名：柳串儿；Buff-browed Willow Warbler；—

形态特征：两性羽色相似。嘴黑褐色，下嘴色较淡，基部黄褐色。眉纹棕白色、长而显著，暗褐色贯眼纹自眼先伸至耳羽。额羽沾棕色；颊与耳羽棕褐色。颈侧黄褐色。上体包括头顶、颈、背、腰和尾上覆羽橄榄褐色沾灰色，腰沾黄绿色。翅暗褐色，无翼斑。腋羽黄色。下体近白色微沾绿黄色细纹。尾羽黑褐色具浅绿褐色羽缘，尾下覆羽淡黄皮色。脚铅褐色。

棕眉柳莺（赛道建 20160411 摄于太白湖）

生态习性：栖息于林缘及河谷灌丛和林下灌丛环境。单独或成对活动。在灌木、树枝间觅食，捕食双翅目昆虫。繁殖期 5～6 月，可至 7~8 月。每窝产卵 4～5 枚。晚成雏，需亲鸟带领觅食。

分布：（P）济宁；任城区 - 太白湖（20160411）；微山县 -（P）鲁桥。

（P）烟台；胶东半岛，鲁中山地。

辽宁，内蒙古，河北，北京，天津，山西，陕西，宁夏，甘肃，青海，四川，重庆，云南，西藏，香港。

区系分布与居留类型：［古］（P）。

物种保护：Ⅲ，Lc/IUCN。

参考文献：H1010，M980，Zjb458；Q434，Z803/749，Zx183，Zgm241/319。

记录文献：—；赛道建 2017、2013，纪加义

---

*1 卢浩泉和王玉志（2003）认为山东分布已消失。

1988b，济宁站 1985。

巨嘴柳莺 Radde's Warbler
Phylloscopus schwarzi（Radde）

同种异名：厚嘴树莺，大眉草串儿，健嘴丛树莺，拉氏树莺；Thick-billed Willow Warbler；*Sylvia schwarzi* Radde，1863

形态特征：嘴较厚短，上嘴黑色，下嘴基部黄褐色。眉斑前段为淡黄褐色，后段偏细色调较白，贯眼纹暗褐色。眉纹及眼圈的上、下部均为棕色；暗褐色的贯眼纹，伸至耳羽的上方。颏、喉近白色。上体包括头顶至背部、两翅内侧飞羽橄榄褐色。下体大部分为黄色或棕黄色，腹部鲜黄色；胸、两胁及腋羽、尾下覆羽均呈浓、淡不等的棕黄色。尾羽暗褐色，边缘微棕褐色，尾上覆羽棕褐色，尾下覆羽黄白色。跗蹠及趾黄褐色。

巨嘴柳莺（陈云江 20110924 摄于济南市长清区张夏镇）

生态习性：栖息于林下灌丛、矮树枝上、河谷灌丛或林缘草地。胆小机警，早晨、上午两翅抖动鸣叫不停。捕食的昆虫以螽蟖及虫卵最多。繁殖期 5～7 月。每窝通常产卵 5 枚，卵产齐后，雌鸟孵卵，雄鸟警戒，孵化期 1～14 天。本地虽有分布记录，但无标本、照片实证。

分布：（P）济宁，（P）南四湖。

（P）◎东营，◎济南，◎青岛，◎日照，泰安，◎烟台；鲁西北平原，鲁西南平原湖区。

除宁夏、青海、西藏外，各省（自治区、直辖市）可见。

区系分布与居留类型：［古］（P）。

物种保护：Ⅲ，Lc/IUCN。

参考文献：H1011，M981，Zjb459；Lc162，Q434，Z804/750，Zx183，Zgm242/319。

记录文献：朱曦 2008；赛道建 2017、2013，宋印刚 1998，纪加义 1988c，济宁站 1985。

黄腰柳莺 Pallas's Leaf Warbler
Phylloscopus proregulus（Pallas）

同种异名： 柳串儿，串树铃儿，树串儿，绿豆雀，淡黄腰柳莺，甘肃黄腰柳莺，柠檬柳莺，巴氏柳莺，黄尾根柳莺；Yellow-rumped Willow Warbler；*Montacilla proregulus* Pallas，1811，*Phylloscopus proregulus proregulus*（Pallas）

形态特征： 嘴近黑色，下嘴基部淡黄色。眉纹显著黄绿色，贯眼纹暗绿色，自眼先沿眉纹下面向后延伸至枕部。头侧黄绿色带褐色。颊和耳上覆羽暗绿色杂绿黄色。上体包括翼内侧覆羽橄榄绿色，头部色较浓、向后色渐淡。前额稍呈黄绿色；头顶中央冠纹达后颈，淡绿黄色；腰黄色形成宽阔而明显横带。翼外侧覆羽、飞羽黑褐色。两胁、腋羽和翅下覆羽、翼缘黄绿色。腹面近白色，略带黄绿色。尾羽黑褐色。脚粉红色。

黄腰柳莺（马士胜 20141227 泗河，赛道建 20160223 摄于二级坝）

生态习性： 栖息于树林的中上层。性活泼，单独或成对在树冠层活动，迁徙期间小群活动于林缘次生林、柳丛、道旁疏林灌丛。捕食昆虫及幼虫。繁殖期5~7月。在缝隙中营球形巢，巢口在侧壁。每窝产卵4~5枚，雌鸟孵卵，孵化期10~11天。

分布： 济宁◎，曲阜-孔林，泗河（马士胜 20141227）；微山县-二级坝（20160223）。
◎滨州，(P)◎东营，(P)◎菏泽，(P)◎济南，聊城，◎临沂，◎莱芜，(P)◎青岛，(P)◎日照，(P)●◎泰安，◎潍坊，◎烟台，淄博；胶东半岛，

鲁中山地，鲁西北平原，鲁西南平原湖区。
各省（自治区、直辖市）可见。
区系分布与居留类型： ［古］(P)。
物种保护： Ⅲ，Lc/IUCN。
参考文献： H1014，M984，Zjb463；Lc164，Q436，Z807/ 753，Zx184，Zgm243/320。
记录文献： —；赛道建 2017、2013，孙太福 2017，张培玉 2000，杨月伟 1999，纪加义 1988c。

黄眉柳莺 Yellow-browed Warbler
Phylloscopus inornatus（Blyth）

同种异名： 槐串儿，树串儿；Willow Warbler；*Motacilla supercillosa* Gmelin，1788，*Regulus inornatus* Blyth，1842，*Regulus superciliosus* Swinhoe，1863，*Phylloscopus superciliosus* Ogilvie-Grant & LaTouche，1907，*Acanthopneuste nitidus saturatus* Baker，1924，*Phylloscopus inornatus inornatus*（Blyth），*Acanthopheuts nitidus plumbeitarsus*（Swinhoe），*Phylloscopus nitidus plumbeitarsus*，*Phylloscopus humei praemium* Mathews et Iredale

形态特征： 嘴细尖而褐色，下嘴基淡黄色，眉纹淡黄绿色，贯眼纹暗褐色，伸达枕部。上体橄榄绿色，两道翼斑白色而明显，下体黄白色，腹部带黄绿色。腋羽绿黄色。尾羽黑褐色，外缘具橄榄绿色狭缘，内缘白色。脚粉褐色。

黄眉柳莺（葛强 20151009 摄于赵坝，张月侠 20170401 摄于欢城下辛庄）

生态习性： 栖息于不同种森林、柳树丛和林缘灌丛。在树枝间觅食，捕食昆虫及蜘蛛。繁殖期5~8月。每窝产卵2~5枚。雌鸟孵卵，孵化期10~13

天。雌鸟承担育雏任务，育雏期 8～10 天。

　　分布： 济宁（P），（P）南四湖；任城区-北湖（20160411）；微山县-欢城下辛庄（张月侠 20170401）；梁山县-赵坝（葛强 20151009）。

　　（P）◎东营，（P）菏泽，（P）◎济南，●◎青岛，（P）◎日照，●（P）泰安，◎烟台，淄博；胶东半岛，鲁中山地，鲁西北平原，鲁西南平原湖区。

　　除新疆外，各省（自治区、直辖市）可见。

　　区系分布与居留类型： ［古］（P）。

　　物种保护： Ⅲ，中日，Lc/IUCN。

　　参考文献： H1013，M988，Zjb461；Lc166，Q436，Z806/ 752，Zx184，Zgm243/321。

　　记录文献： 朱曦 2008；赛道建 2017、2013，孙太福 2017，宋印刚 1998，纪加义 1988c，济宁站 1985。

极北柳莺（陈忠华 20140916 摄于济南市中区梁庄新区）

极北柳莺指名亚种　Arctic Warbler
Phylloscopus borealis[1] *borealis*（Blasius）

　　同种异名： 柳串儿，柳叶儿，绿豆雀，铃铛雀，北寒带柳；Arctic Willow Warbler；*Acanthopneuste borealis borealis*，*Acanthopneuste borealis*（Blasius）

　　特征描述： 嘴暗褐色；下嘴黄褐色，先端黑色。眉纹黄白色，长而明显；贯眼纹黑褐色，自鼻孔延伸至枕部。颊部和耳上覆羽淡黄绿色杂黑褐色。上体额、头顶至背橄榄绿色，腰羽稍淡偏绿色。翼暗褐色与背同色，飞羽外缘橄榄绿色、内翈具灰黄白色羽缘，覆羽羽缘橄榄绿色，大、中覆羽羽端有黄白色形成一道翅上翼斑。尾羽暗褐色，外翈羽缘灰橄榄绿色、内翈具窄灰白色羽缘；尾上覆羽偏绿色，尾下覆羽浓黄白色。脚褐色。

　　生态习性： 栖息于稀疏阔叶林、针阔混交林及其林缘灌丛地带，迁徙期间 4～5 月、9～10 月途经我国。单独、成对或成群活动于不同生境。捕食昆虫、幼虫和虫卵，以及蜘蛛。繁殖期 6～8 月。每窝产卵 3～6 枚。本地虽有分布记录，但无亚种记录，也无标本、照片实证。

　　分布： （P）济宁，济宁-（P）运河林场；微山县-（P）鲁桥。

　　●◎滨州，（P）◎东营，（P）菏泽，◎济南，（P）●青岛，◎日照，（P）●泰安，◎烟台，淄博；胶东半岛，鲁中山地，鲁西北平原，鲁西南平原湖区。

　　除海南外，各省（自治区、直辖市）可见。

　　区系分布与居留类型： ［古］（P）。

　　物种保护： Ⅲ，中日，中澳，Lc/IUCN。

　　参考文献： H1017，M990，Zjb467；Lc169，Q436，Z810/ 755，Zx185，Zgm244/321

　　记录文献： —；赛道建 2017、2013，宋印刚 1998，纪加义 1988c，济宁站 1985。

20.16　树莺科 Cettiidae（Bush Warblers）

▶ 树莺属 *Cettia*

远东树莺[2] 东北亚种
Manchurian Bush Warbler
Horornis canturianus borealis（Campbell）

　　同种异名： 短翅树莺，日本树莺普通亚种、东北亚种，树莺；—；*Cettia diphone canturianus*（Swinhoe），*Cettia diphone borealis* Campbell

　　形态特征： 通体棕色树莺，体型较小。嘴较小而细，上嘴褐色、下嘴色浅。眉纹皮黄色、显著，眼纹深褐色。头顶偏红色，无顶纹。体多棕色，无翼斑。下体皮黄色较少，两胁及尾下覆羽多为暗皮黄色。脚粉红色。

　　生态习性： 栖息于中低海拔丘陵、山脚平原的林缘、灌丛中。性胆怯，单独或成对活动。在灌草丛下部活动觅食，捕食昆虫及幼虫。繁殖期 5～7 月。每窝产 3～6 枚卵。雌鸟营巢、抱窝孵卵，雄鸟顶枝上

---

[1] 极北柳莺（*Phylloscopus borealis*）在我国分布，郑作新（1976、1987、2000）记有 borealis、xanthodryas 和 hylebata 3 个亚种，郑光美（2011）只有前 2 个亚种记录，并于 2017 年将 xanthodryas 提升为种，分别记作极北柳莺指名亚种（*Phylloscopus borealis borealis*）和日本柳莺（*Phylloscopus xanthodryas*）；山东分布中，这 2 个亚种都有记录，borealis 有标本（纪加义等 1987c）。南四湖分布无亚种记录，本次调查未拍到也未能征集到照片，列于此，期今后能依标本或照片进行确认！

[2] 卢浩泉和王玉志（2003）记为山东鸟类新记录。

远东树莺（刘兆普 20150628 摄于龙门山）

鸣叫警戒。孵化期约为 15 天。

分布：◎济宁，泗水 - 龙门山（刘兆普 20150628）。

◎东营，◎济南，◎青岛，◎日照，◎泰安，◎威海，◎烟台；（S）胶东半岛，（S）鲁南。

北京，山西，河南，陕西，甘肃，安徽，江苏，上海，浙江，江西，湖南，湖北，四川，重庆，贵州，云南，福建，台湾，广东，广西，海南。

区系分布与居留类型：［广］（S）

物种保护：Lc/IUCN。

参考文献：H963，M931，Zjb410；Q418，Z766/715，Zx178，Zgm252/306。

记录文献：—；赛道建 2017、2013，纪加义 1988b，济宁站 1985。

20.17 长尾山雀科 Aegithalidae（Long-tailed Tits）

▶ 长尾山雀属 *Aegithalos*

银喉长尾山雀华北亚种 Silver-throated Bushtit
***Aegithalos glaucogularis vinaceus*（Verreaux）**

同种异名：—；Long-tailed Tit；*Aegithalos caudatus vinaceus*

形态特征：小型山雀。嘴黑色。头和颈侧白沾葡萄棕红色（指名亚种纯白色），头顶两侧、枕侧黑色，形成两条宽阔黑色侧冠纹和白色中央冠纹。颏、喉白色，喉部中央具银灰色黑斑。上体背至尾上覆羽蓝灰色，下背、腰沾粉红色。翅黑褐色，内侧飞羽具淡褐色羽缘。腋羽、翅下覆羽白色。下体胸淡棕黄色，腹、胁和尾下覆羽淡葡萄红色。尾长超过头体长，黑色、最外侧 3 对具白色楔状端斑。脚棕黑色。

生态习性：栖息于山地各种林型及平原、城市

公园。常结群活动于树冠或灌丛顶部。捕食昆虫、蜘蛛、蜗牛等小动物。繁殖期 3～4 月。多在枝杈间营巢。每窝产卵 6~10 枚。雌鸟孵卵。雏鸟离巢后由亲鸟带领在巢区活动后才随亲鸟离开巢区。

分布：济宁◎，任城区 - 太白湖（20160411、20170309、20170911，20180326，张月侠 20170429，刘兆普 [*1]20170417、20180420），洸府河（20171215）；梁山县 - 魏庄（葛强 20160203）；曲阜 - 孔林（孙喜娇 20150430）；微山县 - 爱湖（20160221，张月侠 20180126），二级坝（20160223），韩庄苇场（20151208），高楼湿地（孔令强 20151208），欢城下辛庄（张月侠 20160502、20161211），蒋集河（20161209、20170304，张月侠 20161209），蟠龙河（20170304），微山湖国家湿地（20160222、20170308、20181007），吴村渡口（张月侠 20150620），微山岛（20160218），微山湖（徐炳书 20110514），夏镇（20160222），昭阳村（20170306）；鱼台县 - 万福河（20161002），西支河（20170611）。

（R）◎东营，◎济南，◎聊城，◎莱芜，（R）◎青岛，◎日照，（R）◎泰安，◎烟台；（S）鲁西北平原，鲁西南平原湖区。

内蒙古，河北，北京，天津，山西，陕西，宁夏，甘肃，青海，新疆，四川，云南。

区系分布与居留类型：［古］（R）。

物种保护：Ⅲ。

参考文献：H1093，M872，Zjb562；Q478，Z897/836，

银喉长尾山雀（刘兆普 20170417 摄于太白湖，葛强 20160203 摄于魏庄）

Zx190，Zgm256/334。

记录文献： —；赛道建 2017、2013，孙太福

2017，田家怡 1999，赵延茂 1995，纪加义 1988c，柏玉昆 1982。

20.18　莺鹛科 Sylviidae（Old World Warblers and Parrotbills）

莺鹛科分属、种检索表

1. 鼻孔不完全被羽覆盖，翅短圆，尾羽具尖形羽端，较翅长，嘴粗短，<15 mm，头无羽冠 ·· 山鹛属 Rhopophilus，山鹛 R. pekinensis

鼻孔完全被羽覆盖，翅长<100 mm，嘴短厚<10 mm ····································· 2

2. 尾较翅长，眉纹显著，胸非红色，腰、两胁纯深棕色 ··············· 鸦雀属 Paradoxorni，震旦鸦雀 P. heudei

尾较翅短或几等长，眉纹不显著，眼周无白色眶，头顶棕褐色，背橄榄褐色，飞羽栗红色，胸粉红色浓且延伸到腹部 ·················· 棕头鸦雀属 Sinosuthora，棕头鸦雀 S. webbiana fulvicauda

▶ 山鹛属 Rhopophilus

山鹛指名亚种[*1] Chinese Hill Babbler
Rhopophilus pekinensis pekinensis（Swinhoe）

同种异名： 山莺，华北山莺，北京山鹛，小背串，长尾巴狼；White-browed Bush Dweller；Drymaeca pekinensis Swinhoe 1868

　　形态特征： 嘴角质色。眉纹淡色、不明显，眼周有一圈细的亮白色羽毛。颊纹黑色、显著。整个上体以灰色为基色，头、颊、背、翅灰色中夹带纵向褐色斑纹。颊纹以下喉部和整个下体浅色，胸以下开始出现长而直的栗色纵纹与腹部污白底色对比鲜明，从前向后逐渐变粗、颜色变深到尾下覆羽全部为栗色。尾羽端部污白色。脚黄褐色。

山鹛（葛强 20161126 摄于梁山风景区）

　　生态习性： 栖息于山区灌丛、低矮树木间及芦苇丛。性羞怯，繁殖期外结群活动。典型食虫鸟类。繁殖期 5～7 月。一年孵化两巢，当第一巢刚出巢，雄

山鹛已经开始在灌丛枝上筑建好第二个巢。每窝产卵 4～6 枚。

　　分布： 梁山县 - 梁山风景区（葛强 20161126）。

◎东营，◎济南，◎莱芜，◎泰安。

吉林，辽宁，内蒙古，河北，北京，天津，山西，河南，宁夏。

区系分布与居留类型： ［古］W（R）。

物种保护： Ⅲ，Lc/IUCN。

参考文献： H957，M915，Zjb449；Q416，Z761/709，Zgm264/302。

记录文献： —；赛道建 2017、2013。

▶ 棕头鸦雀属 Sinosuthora

棕头鸦雀河北亚种 Vinous-throated Parrotbill
Sinosuthora webbiana fulvicauda（Campbell）

同种异名： 相思鸟，金丝猴；Rufous-headed Crowtit，Webb's Parrotbill；Paradoxornis webbianus（Gould）

　　形态特征： 嘴黑褐色。眼先、颊、耳羽和颊侧棕栗色或暗灰色。额、头顶、后颈到上背红棕色或棕色，头顶羽色稍深；上体背、肩、腰和尾上覆羽橄榄褐色。翅覆羽棕红色，飞羽褐色或暗褐色。颏、喉、胸粉红棕色具细微暗红棕色纵纹，下体余部淡黄褐色，腹、胁和尾下覆羽灰褐色，腹中部淡棕黄色或棕白色。尾暗褐色。脚铅褐色。

　　生态习性： 栖息于疏林草坡、矮树丛和林缘灌丛地带，冬季到山脚平原地带。性活泼，成对或成群活动。捕食昆虫及蜘蛛等小动物和植物的果实与种子等。繁殖期 4～8 月。每窝通常产卵 4～5 枚。

　　分布： ◎济宁；任城区 - 太白湖（20160411、20170309、2070911，聂成林 20090429，张月侠 20160405，刘兆普 20160527、20180426，杜文东 201804

棕头鸦雀（刘兆普 20160527 摄亲、雏于太白湖，聂成林 20090429 摄于太白湖）

15）；嘉祥县 - 洙赵新河；梁山县 - 魏庄（葛强 20160211）。曲阜 - 蓼河（马士胜 20150123）；微山县 - 爱湖村（张月侠 20170402），二级坝（20160415），高楼湿地（20180324），韩庄运河（20170304），湖东大堤内滩（20170305），欢城（楚贵元 20100211），微山湖国家湿地（20170805，张月侠 20160628、20170501、20180125），微山湖（徐炳书 20110515、20120623），微山岛（20160726），小新河（华宏立 20160325），昭阳村（20170306，陈保成 20120415）；鱼台县 - 梁岗（20160409）。

◎滨州，◎德州，（S）◎东营，（R）◎济南，（R）临沂，◎莱芜，◎日照，（R）◆●◎泰安，潍坊，◎威海，◆◎烟台，◎淄博；胶东半岛，鲁中山地，鲁西北平原。

河北，北京，天津，河南。

区系分布与居留类型：［广］（R）。

物种保护：Lc/IUCN。

参考文献：H946，M1145，Zjb394；Lc253，Q412，Z751/700，Zx174，Zgm265/297

记录文献（种）：张乔勇 2017；赛道建 2017、2013，李久恩 2012，纪加义 1988b。

▶ **鸦雀属 Paradoxorni**

震旦鸦雀蒙古亚种 Reed Parrotbill
Paradoxornis heudei mongolicus[1]

同种异名：—；Chinese Crowtit，Heude's Parrotbill，

---

[1] 中国分布黑龙江 polivanovi、指名 heudei 2 个（郑作新 1976、1987，赵正阶 2001，杨瑞东 2011）或 3 个 mongolicus 亚种（郑光美 2017），山东分布亚种郑光美（2011）、赛道建（2017）记作 polivanovi，郑光美（2017）记为 mongolicus，杨瑞东依遗传结构将山东东营种群归于 heudei。

Northern Parrotbill；*Paradoxornis heudei polivanovi* Stepanyan

形态特征：嘴黄色具大嘴钩，鹦鹉喙状。眉纹黑色显著，上缘黄褐色而下缘白色有狭窄白色眼圈。额、头顶及颈背灰色。颏、喉白色。整体灰黄色。上背黄褐色具黑色纵纹；下背黄褐色。中央尾羽沙褐色，其余黑色而羽端白色。翼上肩部浓黄褐色，飞羽色较淡，三级飞羽近黑色。腹中心近白色，两胁黄褐色。尾长，尾羽背面观灰黄色，外侧黑色具白色斑；腹面观基部黑色、端部白色。脚粉黄色。

震旦雅雀（聂成林 20100221 摄于石佛，赛道建 20170911 摄于太白湖）

生态习性：栖息活动在沼泽芦苇丛区域中。捕食芦苇茎内、茎表的小虫以及蚧壳虫等，也啄食植物种子。4 月开始，雌雄鸟共同筑巢，窝极隐蔽，不易察觉、难以接近。每窝产卵 2～5 枚。雌雄鸟共同育雏，育雏期 9～11 天。

分布：◎济宁，京杭运河（张月侠 20150620）；任城区 - 石佛（聂成林 20100221），太白湖（20170911，杜文东 20180922，张月侠 20150223，宋泽远 20120915、20160215）；梁山县 - 倪楼（葛强 20160210）；微山县 - 微山湖国家湿地（20151211，张月侠 20160409、20170501，华宏立 20150912），微山湖（徐炳书 20110507、20121115），欢城下辛庄（张月侠 20180618），◎薛河（20140406），昭阳村（陈保成 20140726），

昭阳湖（20170805）；鱼台县 - 张庙（张月侠 20150618）。

◎滨州，◎德州，◎东营，◎济南，●临沂，青岛，◎日照，◎（S）泰安，◎烟台，枣庄。

黑龙江，辽宁，内蒙古，河北，天津。

区系分布与居留类型：［广］R（RS）。

20.19　绣眼鸟科 Zosteropidae（White-eyes and Yuhinas）

绣眼鸟科绣眼鸟属 *Zosterops* 分种检索表

胁红色 ···红胁绣眼鸟 *Z. erythropleurus*
胁非红色，额、喉淡黄色，腹白、两胁沾灰色 ···············暗绿绣眼鸟 *Z. japonica*

▶ 绣眼鸟属 *Zosterops*

红胁绣眼鸟　Chestnut-flanked White-eye *Zosterops erythropleurus* Swinhoe

同种异名： 白眼儿，粉眼儿，褐色胁绣眼，红胁白目眶，红胁粉眼；Red-flanked White-eye；*Zosterops erythropleurus erythropleurus* Swinhoe

形态特征： 嘴橄榄色。额、头顶、颊、耳羽和后颈黄绿色，颏、喉、颈侧鲜硫黄色，黄色喉斑较小。眼先、眼下方有黑色细纹，眼周白色绒状短羽构成眼圈。上体灰色较多，背、腰和尾上覆羽黄绿色，其中肩、上背、翅上小覆羽暗绿色少黄色。腋羽、翅下覆羽白色。下体上胸硫黄色，下胸、腹中央乳白色，下胸两侧苍灰色，两胁栗红色。尾暗褐色。脚（冬、春季）铅蓝色、（夏、秋季）红褐色。

生态习性： 栖息于阔叶树、针叶树，以及庭院、

红胁绣眼鸟（1958 采于南阳湖，赛道建 20130516 摄于济南市泉城公园）

高大行道树及竹林间。性活泼，单独或成对活动，飞翔姿势略呈波浪式。在树顶枝叶间、灌丛跳跃活动觅食。主要捕食各种小昆虫。繁殖期 5～8 月。在树枝权间、灌木丛中营杯状巢，巢由细枝、细草、苔藓和蛛网构成，内垫兽毛。每窝约产 4 枚卵。

分布： ●（P）济宁；（P）曲阜 -（P）孔林；微山县 - ●（1958 济宁一中）南阳湖。

●滨州，（P）◎东营，（P）◎菏泽，济南，聊城，●青岛，◎日照，（P）●泰安，（P）●▲烟台；胶东半岛，鲁中山地，鲁西北平原，鲁西南平原湖区。

除青海、新疆、台湾、海南外，各省（自治区、直辖市）可见。

区系分布与居留类型：［古］（P）。

物种保护： Ⅲ，Lc/IUCN。

参考文献： H1150，M923，Zjb605；Q500，Z932/870，Zx188，Zgm273/332。

记录文献： —；赛道建 2017、2013，纪加义 1988c。

暗绿绣眼鸟普通亚种　Japanese White-eye *Zosterops japonicus simplex* Swinhoe

同种异名： 绿绣眼，绣眼儿，粉眼儿，粉眼青鹮（qú），白眼儿，白日眶；Dark Green White-eye；*Zosterops simplex* Swinhoe, 1861，*Zosterops simplex simplex* Swinhoe

形态特征： 嘴黑色，下嘴基色稍淡。眼周有白色绒状短羽构成醒目白色眼圈，眼先和眼圈下方有细黑色纹，耳羽、脸颊黄绿色。颏、喉、颈侧鲜柠檬黄色。上体从额基至尾上覆羽均为草绿色或暗黄绿色，前额黄色较多且鲜亮。腋羽、翅下覆羽白色，腋羽微沾淡黄色。下体上胸鲜柠檬黄色，下胸和两胁苍灰色，腹中央白色。尾暗褐色，外翈羽缘草绿色或黄绿色。尾下覆羽淡黄色。脚暗铅色或灰黑色。

生态习性： 栖息于各种类型森林中及林缘、村寨

种群保护： Ⅲ，红，Nt/IUCN

参考文献： H956，M1156，Zjb404；Q416，Z759/709，Zx176，Zgm270/301

记录文献： —；赛道建 2017、2013。

暗绿绣眼鸟（孙喜娇 20150430 摄于孔林）

和地边高大树上。单独、成对或小群活动。在枝叶间活动，捕食昆虫、蜘蛛、螺等小动物及植物的果实和种子。繁殖期 4～8 月，一年可繁殖 2 窝。每窝产卵

2～8 枚。晚成雏，育雏期 10～11 天。

分布：（SP）◎济宁，南四湖；曲阜-孔林（孙喜娇 20150430）；微山县-●（19840428）两城，鲁山，微山湖。

德州，（S）◎东营，（S）菏泽，（S）◎济南，◎聊城，（S）临沂，◎莱芜，（S）●◎青岛，（S）◎日照，（S）●◎泰安，潍坊，◎威海，▲◎烟台；胶东半岛，鲁中山地，鲁西北平原，鲁西南平原湖区。

辽宁，内蒙古，河北，北京，天津，山西，河南，陕西，甘肃，安徽，江苏，上海，浙江，江西，湖南，湖北，四川，重庆，贵州，云南，福建，台湾，广东，广西，海南，香港，澳门。

区系分布与居留类型：［东］（SR）。

物种保护：Ⅲ，Lc/IUCN。

参考文献：H1149，M925，Zjb604；Lc264，Q499，Z931/869，Zx188，Zgm273/332。

记录文献：朱曦 2008；赛道建 2017、2013，孙太福 2017，李久恩 2012，张培玉 2000，杨月伟 1999，宋印刚 1998，纪加义 1988c，济宁站 1985。

20.20　噪鹛科 Leiothrichidae（Loughingthrushes and Allies）

噪鹛科噪鹛属分种检索表

鼻孔完全裸露，上嘴近端微具齿突 ·································画眉 G. canorus
鼻孔完全为须所盖，嘴形厚而直、鼻孔处厚度大于宽度，颏、喉橄榄褐色 ·················黑脸噪鹛 G. perspicillatus

▶ **噪鹛属 Garrulax**

画眉指名亚种[1]　**Hwamei**
Garrulax canorus canorus（Linnaeus）

同种异名：虎鸫，金画眉；—；—

　形态特征：上嘴偏黄色，下嘴橄榄黄色。眼圈白色，上缘白色向后延伸至颈侧，状如眉纹。近额部长有较长黑色髭毛，头侧包括眼先和耳羽暗棕褐色，颏、喉棕黄色杂黑褐色纵纹。额棕色，头顶至上背棕褐色，自额至上背具宽阔的黑褐色纵纹，纵纹前段色深、后部色淡。飞羽暗褐色。上胸和胸侧棕黄色杂黑褐色纵纹，其余下体棕黄色，两胁色较暗无纵纹，下腹羽毛呈绿褐色或黄褐色，下腹部中央小部分羽毛呈灰白色，肛周沾棕色，尾羽浓褐色或暗褐色、具多道不明显黑褐色横斑，尾末端色较暗褐。跗蹠和趾黄褐色或浅角色。

　生态习性：栖息于低山、丘陵和山脚平原地带，

画眉（赛道建 20160223 摄于二级坝，陈忠华 20150530 摄于济南市南部山区门牙风景区）

多终年固定生活在一个区域。单独、结群活动。杂食性，捕食农林害虫、种子、果实、幼苗，并有储食习性。每年繁殖 1～2 次。每窝产卵 3～5 枚，雌鸟孵卵，雄鸟警戒，孵化期 14～15 天。晚成雏。

　分布：◎济宁；微山县-微山湖（20160223），

---

[1] 依据赛道建在南四湖拍到的照片，鉴定为南四湖鸟类新记录，逃匿个体已在山东多地形成野生种群。

二级坝（20160223）。

◎济南，◎莱芜，◎日照，◎泰安。

河南，陕西，甘肃，安徽，江苏，上海，浙江，江西，湖南，湖北，四川，重庆，贵州，云南，福建，广东，广西，香港，澳门。

区系分布与居留类型：［东］R

物种保护：Ⅲ，Lc/IUCN。

参考文献：H875，M1036，Zjb323；Q374，Z690/643，Zgm289/264

记录文献：—；赛道建 2017。

黑脸噪鹛（徐炳书 20150113 摄于微山湖）

黑脸噪鹛[*1] Masked Laughingthrush
Garrulax perspicillatus（Gmelin）

同种异名：土画眉；Spectacled Laughing Thrush, Black-faced Laughing Thrush；*Dryonastes perspicillatus*[*2] Kothe, *Turdus perspicillatus* Gmelin1789, *Dryonastes perspicillatus shensiensis* Riley, 1911.

形态特征：嘴黑褐色。额、眼先、眼周、颊、耳羽黑色，形成醒目宽阔黑色带。颏、喉至上胸褐灰色。头顶至后颈褐灰色，背暗灰褐色至尾上覆羽变为土褐色。翼上覆羽、内侧飞羽与背同色，其余飞羽褐色、外翈羽缘黄褐色。下胸和腹棕白色或灰白沾棕色，两胁棕白色沾灰色。尾羽暗棕褐色，外侧尾羽先端黑褐色；尾下覆羽棕黄色。脚淡褐色。

生态习性：栖息于平原和低山丘陵地带森林中。结小群活动，性活跃，鸣叫声响亮嘈杂。杂食性，捕食昆虫、无脊椎动物、植物果实和农作物。繁殖期

4～7月。在枝桠上营巢。每窝产卵 3～5 枚。

分布：微山县 - 微山湖（徐炳书 20150113）

青岛，（S）◎泰安；胶东半岛，鲁中山地，●山东。

山西，河南，陕西，安徽，江苏，上海，浙江，江西，湖南，湖北，四川，重庆，贵州，云南，福建，广东，广西，香港，澳门。

区系分布与居留类型：［东］（S）。

物种保护：Ⅲ，Lc/IUCN。

参考文献：H853，M1013，Zjb301；Q364，Z670/626，Zx166，Zgm293/256。

记录文献：—；赛道建 2017、2013，纪加义 1988b。

20.21 旋木雀科 Certhiidae（Treecreepers）

▶ 旋木雀属 *Certhia*

欧亚旋木雀北方亚种 Eurasian Treecreeper
Certhia familiaris daurica Linnaeus

同种异名：旋木雀；Treecreeper, Common Treecreeper；*Certhia familiaris daurica* Domaniewski, *Certhia familiaris orientalis* Domaniewski

形态特征：褐色斑驳旋木雀。嘴细长而下弯，上嘴褐色、下嘴色浅。眉纹白色，眼先黑褐色。耳羽棕褐色。颏、喉乳白色。额、头顶、上背暗褐色，羽具淡白色羽轴纹，下背、腰和尾上覆羽棕红色。下体近

白色或皮黄色，胸、腹乳白色，下腹、胁和尾下覆羽沾灰色或沾皮黄色。尾羽长而尖富有弹性、黑褐色，

欧亚旋木雀（李在军 20080219 摄于东营市河口）

[*1] 依据徐炳书提供的在当地首次拍到的照片，鉴定为南四湖鸟类新记录。

[*2] 此记载可能有误。

外翈羽缘、羽干淡棕色，覆羽棕色。脚褐色。

生态习性：栖息于有老树分布的密林。能沿直立的树干自下而上螺旋形环绕树干攀爬，用尖嘴啄食树皮下的昆虫，为其独特的取食方式。繁殖期4~6月。每窝通常产卵4~6枚。雌鸟孵卵，雄鸟警戒、饲喂雌鸟，孵化期14~15天。雌雄鸟共同育雏，育雏期约15天。本地虽有分布记录，但无标本、照片实证。

分布：（P）济宁[*1]；微山县-（P）鲁山，微山湖。

◎东营，（P）青岛；胶东半岛。

黑龙江，吉林，辽宁，河北，北京，新疆。

区系分布与居留类型：［古］（W）。

特种保护：Lc。

参考文献：H1127，M844，Zjb579；Q486，Z911/850，Zgm308/346。

记录文献：—；赛道建2017、2013，纪加义1988c，济宁站1985。

20.22　鸭科 Sittidae（Nuthatches）

▶ **鸭属** *Sitta*

同种异名：茶腹鸭，穿树皮，松枝儿，贴树皮；—；—

形态特征：嘴长而尖，嘴黑色，下颚基部带粉色。贯眼纹黑色，从嘴角到颈侧；眼上方白色。眼下、颊、颏和喉白色。上体与翅覆羽蓝灰色。飞羽黑色，外翈羽缘灰蓝色。颈侧、下体皮黄褐色，两胁浓栗色。尾羽短，中央尾羽与背同色，外侧尾羽黑色具灰黑色次端斑，最外侧2~3尾羽具白色次端斑。脚短爪硬，深灰色。

生态习性：栖息于中低海拔的山林及村落附近的树林中。性活泼，成对或结群在树间活动，有时以螺旋形沿树干攀缘并能头朝下由上向下爬，啄食树皮下的昆虫。繁殖期4~6月。每窝产卵8~9枚。雌鸟孵卵，孵化期约17天。晚成雏，雌雄亲鸟共同育雏约19天。本地虽有分布记录，但无标本、照片实证。

分布：微山县-微山湖。

◎东营；（R）山东。

河南，陕西，甘肃，安徽，江苏，上海，浙江，江西，湖南，湖北，四川，重庆，贵州，云南，福建，广东，广西，香港，澳门。

区系分布与居留类型：［古］（R）。

特种保护：Lc

参考文献：H1124，M832，Zjb575；Q484，Z907/845，Zx193，Zgm310/343

记录文献：—；赛道建2017、2013，李久恩2012。

普通鸭（丁鹏20180622摄新疆亚种seorsa于阿勒泰市阿尔泰山，于立敏20110126、李恩起20140906摄黑龙江亚种amuroensis于辽宁省庄河、吉林省松县新城区）

20.23　鹪鹩科 Troglodytidae（Wrens）

▶ **鹪鹩属** *Troglodytes*

同种异名：巧妇，山蝈蝈儿，石阿兰；—；*Anorthura fumigata* Ogilvie-Grant & La Touche（1907），*Motacilla troglodytes* Linnaeus，1758，*Troglodytes fumigatus* 内田清之助（1915）

形态特征：嘴暗褐色，下嘴黄褐色。眉纹狭窄、浅棕白色。头顶和后颈深赤褐色，头侧眼先和耳羽褐色混杂淡黄白色条纹。颏、喉污白色，羽缘浅黄色。上体自背肩部、腰和尾上覆羽赤褐色杂黑褐色横斑。翅膀短而圆，飞羽黑褐色，外侧飞羽外翈赤褐色满布黑褐色横斑。下体浅棕褐色，胸灰黄褐色、缀褐暗色不明显细横斑纹。腹、胁和尾下覆羽尖端乳白色缀黑

[*1]　记录首见于济宁站（1985），微山湖国家湿地公园总体规划（2011）等调研资料记录。

鹪鹩（陈云江 20121014 摄于济南市历城区佛峪）

褐色或黄褐色横斑纹。尾短小而翘，赤褐色缀较细黑褐色横斑纹。脚暗褐色。

生态习性：栖息于中高山、丘陵和平原的灌丛中。尾不停地轻弹而高举在背上。捕食农林害虫，以及蜘蛛、甲壳类和植物性食物。繁殖期 7~8 月。每窝产卵 4~6 枚。孵化期 14~5 天，育雏期 16~17 天。本地虽有分布记录，但无标本、照片实证。

分布：（PW）济宁；曲阜 -（PW）石门寺；微山县 - 微山湖。

◎东营，（W）菏泽，（P）◎济南，◎莱芜，（P）青岛，◎日照，（P）●◎泰安，（P）◎潍坊，◎烟台，淄博；胶东半岛，鲁中山地，鲁西南平原湖区。

内蒙古，河北，北京，天津，山西，河南，陕西，宁夏，甘肃，青海，江苏，上海，浙江，江西，福建，广东。

区系分布与居留类型：［古］（P）。

物种保护：Lc/IUCN。

参考文献：H726，M848，Zjb168；Lc280，Q302，Z561/523，Zx149，Zgm314/217。

记录文献：—；赛道建 2017、2013，李久恩 2012，纪加义 1988a，济宁站 1985。

20.24 河乌科 Cinclidae（Dippers）

▶ **河乌属 Cinclus**

褐河乌指名亚种[1] **Brown Dipper**
Cinclus pallasii pallasii Temminck

同种异名：水乌鸦，水老鸹，水黑老婆；—；Cinclus pallasi，Cinclus marila，Hydrobata marila Swinhoe，1859

形态特征：嘴窄而直、黑褐色，嘴长与头几等长；上嘴端部微下曲或具缺刻；口角有短绒绢状羽。鼻孔被膜遮盖。眼圈白色为眼周羽毛遮盖而不明显。全身纯黑褐色或深咖啡褐色，绒羽发达。上体羽缘沾棕红色。翅短而圆，初级飞羽 10 枚，飞羽黑褐色、外翈具咖啡褐色狭缘，部分腿圈白色。下体腹中央色较浅淡。尾较短、黑褐色，尾羽 12 枚；尾上覆羽具棕红色羽缘，尾下覆羽色较暗。腿短壮、黑褐色，跗蹠长而强，前缘具靴状鳞，趾、爪较强。

生态习性：栖息于中低海拔的山涧河谷溪流。单个或成对活动于河流中的大石上。在水中取食水生昆虫及其他水生小动物。繁殖期 4~7 月。每窝产卵 3~6 枚，雌鸟孵卵，孵化期 15~16 天。雌雄鸟共同育雏，育雏期 21~23 天。本地虽有分布记录，但无标本、照片实证。

褐河乌（耿超 20190923、张文文 20190708 分别摄于浙江省台州市仙居县、贵州省赤水）

分布：济宁；微山县 - 微山湖。

东营，济宁，临沂；胶东半岛，鲁中山地。

除西藏、海南外，各省（自治区、直辖市）可见。

区系分布与居留类型：［广］（R）。

物种保护：Lc/IUCN。

参考文献：H725，M688，Zjb168；Lc469，Q302，Z560/521，Zx148，Zgm315/216。

记录文献：—；赛道建 2017、2013，李久恩 2012，纪加义 1988a。

---

[1] 卢浩泉和王玉志（2003）认为山东分布已消失，赛道建（2017）视为无分布。

20.25　椋鸟科 Sturnidae（Starlings）

椋鸟科分属、种检索表

1. 具额丛冠羽，尾下覆羽黑色具白色纹 ⋯⋯⋯⋯⋯⋯ 八哥属 *Acridotheres* 八哥指名亚种 *A. cristatellus cristatellus*
　　无额丛冠羽 ⋯⋯⋯ 2
2. 翅方形，头部浅色，后枕有深色斑块 ⋯⋯⋯⋯⋯⋯⋯⋯ 北椋鸟属 *Agropsar*，北椋鸟 *A. sturninus*
　　翅尖形 ⋯⋯ 3
3. 头与背黑色，具紫色或绿色金属反光 ⋯⋯⋯⋯⋯⋯ 椋鸟属 *Sturnus*，紫翅椋鸟北疆亚种 *S. vulgaris poltaratskyi*
　　头部丝光白色，背淡灰色 ⋯⋯⋯⋯⋯⋯⋯⋯⋯⋯⋯⋯⋯⋯⋯⋯⋯⋯⋯⋯⋯ 4 丝光椋鸟属 *spodiopsar*
4. 喙红色，头丝光白色，背淡灰色 ⋯⋯⋯⋯⋯⋯⋯⋯⋯⋯⋯⋯⋯⋯⋯⋯⋯⋯⋯ 丝光椋鸟 *S. sericeus*
　　喙非红色，头深褐色具白色脸颊，背褐灰色 ⋯⋯⋯⋯⋯⋯⋯⋯⋯⋯⋯⋯⋯⋯ 灰椋鸟 *S. cineraceus*

▶ 八哥属 *Acridotheres*

八哥指名亚种　Crested Myna
Acridotheres cristatellus cristatellus[1]（Linnaeus）

同种异名：普通八哥，鸲鹆（qúyù），了哥，鹦鸲，寒皋，鸜鹆（qúyù），驾鸰，加令，凤头八哥；Chinese Jungle Myna；—

　　形态特征：喙鲜黄色。全身几为纯黑色。喙与头部交接处额羽甚多、延长耸立于喙基上，与头顶尖长羽毛形成的羽帻如冠羽。头顶、颊、枕及耳羽如矛状，头颈部黑色具绿色金属光泽。上体余部黑褐色。初级覆羽先端和初级飞羽基部白色形成大型明显白色翼斑，飞行时两块白色斑呈"八"字形。下体灰黑

八哥（赛道建 20160415 摄于二级坝，张月侠 20160502 摄于爱湖村）

[1]　逃逸个体已在山东多地野外形成一定数量的繁殖种群。

色。尾下覆羽黑色而具白色端。尾下覆羽黑色具白色羽端；尾羽绒黑色，除中央尾羽外均具白色羽端。脚暗黄色。

　　生态习性：栖息于平原和山林边缘地带。单独、成对或群聚活动。杂食性。捕食各种昆虫，啄食犁翻出土的蚯蚓、蠕虫及植物、草种等。繁殖期 4～8 月。每年繁殖 2～3 巢。每窝产卵 4～6 枚。孵卵期约 14 天，育雏期约 21 天。

　　分布：● ◎济宁：曲阜 - 孔林（孙喜娇 2015 0426）；微山县 - 爱湖村（20180126，张月侠 20160502、20170402、20170430，张月侠 20180126），二级坝（20160415），湖东大堤内滩（20170305），欢城下辛庄（张月侠 20170430），蒋集河（张月侠 20160610），京杭运河（张月侠 20150503），微山湖国家湿地（张月侠 20160403、20160610、20170401），泗河零点界（张月侠 20170613），●（1958 济宁一中）微山湖，微山岛（20160726，张月侠 20160404），袁洼渡口（张月侠 20150601、20170429、20170613），鱼种场（张月侠 20170614）；鱼台县 - 鹿洼煤矿塌陷区（张月侠 20160409、20170615），张黄镇梁岗村（张月侠 20160409）。

　　◎东营，（R）◎济南，◎聊城，◎莱芜，◎青岛，◎日照，◎泰安，◎潍坊，◎烟台，◎淄博。

　　北京，河南，陕西，甘肃，新疆，江苏，上海，浙江，江西，湖南，湖北，四川，重庆，贵州，云南，福建，广东，广西，香港，澳门。

　　区系分布与居留类型：［东］（R）。
　　物种保护：Ⅲ，Lc/IUCN。
　　参考文献：H688，M829，Zjb131；Lc296，Q288，Z525/488，Zx141，Zgm316/202。
　　记录文献：—；赛道建 2017、2013，孙太福 2017，孙玉刚 2015。

▶ 丝光椋鸟属 *Spodiopsar*

丝光椋鸟　Silky Starling
Spodiopsar sericeus（Gmelin）

同种异名： 丝毛椋鸟，牛屎八哥；Red-Billed Starling；*Spodiopsar sericeus* Zuccon（2008）

形态特征： 灰、黑、白色椋鸟。鲜明特征是红嘴、尖端黑色。整个头、颈部棕白色，羽呈披散矛状。上体灰色，翼黑色，白色翼斑飞翔时明显，胸暗褐色。背淡紫灰色，与上胸暗灰色延伸至后颈形成一个不甚明显的暗灰色颈环。肩外缘白色。尾黑色具蓝绿色金属光泽，尾上覆羽灰色，尾下覆羽白色。雌鸟头丝状羽污白色，背灰棕。脚暗橘黄色。

丝光椋鸟（张月侠 20170402 摄于爱湖村，沈波 20180601 摄于昭阳村）

生态习性： 栖息于低山丘陵、山脚平原的丛林和稀树草坡等开阔地带。常小群活动，迁徙时可结成大群。地面取食，捕食农林害虫及植物果实与种子。繁殖期5～7月。每窝通常产卵5～7枚。雌鸟孵卵，雄鸟参与孵卵，孵化期12～13天。晚成雏，雌雄鸟共同育雏。

分布： ◎济宁，◎南四湖；曲阜-孔庙（刘兆普 20180507、20180603），孔林（孙喜娇 20150417、20150506）；微山县-爱湖村（张月侠 20170402），高楼湿地（20180324），微山湖（徐炳书 20100807），昭阳村（沈波 20180601）；鱼台县-王鲁桥（张月侠 20170502）。

◎东营，◎济南，◎莱芜，◎青岛，◎日照，◎泰安，（P）◎威海。

除黑龙江、吉林、山西、宁夏、青海、新疆、西藏、贵州外，各省、（自治区、直辖市）可见。

区系分布与居留类型：［东］PW。
物种保护： Ⅲ，Lc/IUCN。
参考文献： H682，M815，Zjb125；Lc318，Q286，Z521/485，Zx142，Zgm317/205。
记录文献： —；赛道建 2017、2013，孙太福 2017，孙玉刚 2015，单凯 2013

灰椋鸟　White-cheeked Starling
Spodiopsar cineraceus Temminck

同种异名： 杜丽雀，高粱头，假画眉，竹雀，管莲子，哈拉雀，八哥，麻姑油；Ashy Starling, Grey Starling；*Sturnus cineraceus*[*1] Kleinschmidt

形态特征： 棕灰色椋鸟。嘴橙黄色、尖端黑色，额白色，头黑色、两侧具白色斑纹。体羽灰褐色，颈、背黑色，腰部白色斑飞行时明显，下体棕白色。下胸、两胁和腹淡灰褐色，腹中部白色。中央尾羽灰褐色，外侧尾羽黑褐色，内翈先端白色，尾上及尾下覆羽白色。雌鸟色浅而暗。脚橘黄色。

灰椋鸟（杜文东 20180729 摄于太白湖，葛强 20150404 摄于魏庄）

生态习性： 栖息于低山丘陵、开阔平原地带的各种林型中。喜成群活动。在草地、河谷、农田等潮湿地上觅食，捕食昆虫及植物果实和种子。繁殖期5～7月。每窝产卵5～7枚。雌鸟孵卵，雄鸟有时参与，孵化期12～13天。晚成雏，雌雄鸟共同育雏。

分布： ●（PR）◎济宁；任城区-洸府河（20170909），太白湖（20151209、20170911，杜文东 20180729，张月侠 20180123）；梁山县-魏庄（葛强 20150404）；曲阜-（R）曲阜，孔庙（刘兆普 2018

[*1] 此名称现不被采用，而是 Sharpe 首先采用的 *Sturnus*。

0507），孔林（孙喜娇 20150520）；微山县 - 爱湖村（张月侠 20180620），湖东大堤内滩（20170305），欢城下辛庄（张月侠 20160609），●（19831017）鲁桥（20160724），南阳湖农场（20170310），马口（20170303），蟠龙河（20170304），●（1958 济宁一中）微山湖（徐炳书 20110610、20120623），微山湖国家湿地（20160222），沙堤村郭河（20170303），泗河（20160724），泗河零界点（20170613、张月侠 20170613），夏镇（陈保成 20081207），昭阳村（20170306）；兖州 - 洸府河（20160614）；鱼台县 - 梁岗（20160409），鹿洼煤矿塌陷区（张月侠20160409），复新河（张月侠 20180620）。

●◎滨州，◎德州，（R）◎东营，（R）◎菏泽，（R）◎济南，◎聊城，（R）临沂，◎莱芜，●◎青岛，●◎日照，（R）●◎泰安，（R）◎潍坊，◎威海，●◎烟台，◎枣庄，◎淄博；胶东半岛，鲁中山地，鲁西北平原，鲁西南平原湖区。

除西藏外，各省（自治区、直辖市）可见。

区系分布与居留类型：［古］R（PSW）。

物种保护：Ⅲ，Lc/IUCN。

参考文献： H683，M821，Zjb126；Lc321，Q286，Z521/486，Zx143，Zgm318/205。

记录文献： 朱曦 2008；赛道建 2017、2013，孙太福 2017，庄艳美 2014，李久恩 2012，张培玉 2000，杨月伟 1999，纪加义 1988a，济宁站 1985。

▶ 北椋鸟属 Agropsar

北椋鸟 Daurian Starling
Agropsar sturninus（Pallas）

同种异名： 燕八哥，高粱头，小椋鸟；Purple-backed Starli；*Sturnia sturninia，Gracula sturnina* Pallas，1776 *Sturnia sturnina* Feare & Craig（1999）ng

形态特征： 嘴近黑色，下嘴基蓝白色。头侧、眼先眼周、颊、颏灰白色。头顶至背灰色或暗灰褐色，枕部、颈背具富有光泽的紫黑色斑块，背部闪辉紫色。两翼闪辉绿黑色、具醒目白色翼斑。喉、胸和两胁灰色微缀棕色而呈棕白色；腹部白色。尾上覆羽棕白色，长者紫黑色富有光泽；尾羽黑色具金属光泽。脚、爪绿色。

生态习性： 栖息于低山丘陵和开阔平原地带的丛林中。喜成群活动。在沿海、草甸、河谷、农田等潮湿地上觅食，捕食昆虫及植物果实和种子。繁殖期 5～6 月。每窝产卵 5～7 枚。雌鸟孵卵，雄鸟参与，孵化期 12～13 天。晚成雏，雌雄亲鸟共同育雏。

北椋鸟（1958 采于南阳湖，张月侠 20160609 摄于欢城下辛庄）

分布： ●济宁；微山县 - 欢城下辛庄（张月侠 20160609），●（1958 济宁一中）南阳湖。

◎东营，（S）菏泽，（P）◎济南，（P）●青岛，●（P）◎日照，◎泰安，◎烟台；胶东半岛，鲁中山地，鲁西北平原，鲁西南平原湖区。

除青海、新疆、西藏外，各省（自治区、直辖市）可见。

区系分布与居留类型：［古］（P）。

物种保护：Ⅲ，Lc/IUCN。

参考文献： H678，M816，Zjb121；Lc309，Q284，Z518/482，Zx142，Zgm318/204。

记录文献： —；赛道建 2017、2013、1994，纪加义 1988a。

▶ 椋鸟属 Sturnus

紫翅椋鸟北疆亚种 Common Starling
Sturnus vulgaris poltaratskyi Finsch

同种异名： 欧洲八哥，欧椋鸟，欧洲椋鸟；Purple-winged Starling；—

形态特征： 具白色点斑闪辉黑色、紫绿色椋鸟。嘴黄色。通体褐黑色。头、前颈部辉亮铜绿色。背、肩、腰及尾上覆羽紫铜绿色，羽端淡黄白色似白色斑。翅黑褐色缀褐色羽缘，翅上覆羽羽缘沙皮黄色。喉、胸暗金属绿色，腹部为沾绿色的铜黑色。尾黑褐色具沙黄色羽缘。脚红褐色。

生态习性： 栖息于开阔多树的村庄、荒漠树丛

紫翅椋鸟（陈保成 20110102 摄于夏镇）

中。小群、大群活动。在耕地上啄食，杂食性，捕食农林害虫，也聚集窃食果子、稻谷等。繁殖期4～6月。每窝产卵4～7枚。雌雄鸟孵卵，孵化期约12天。晚成雏，亲鸟每天育雏达95～328次，育雏期22～24天。

分布： ◎济宁；微山县-夏镇（陈保成 2011 0102）。

◎东营，◎泰安，威海，烟台；（P）胶东半岛，（P）山东省。

黑龙江，辽宁，内蒙古，河北，北京，天津，山西，陕西，宁夏，甘肃，青海，新疆，安徽，江苏，上海，浙江，湖南，湖北，四川，西藏，福建，台湾，广东，广西，香港。

区系分布与居留类型： ［古］（PV）。

物种保护： Ⅲ，Lc/IUCN。

参考文献： H680，M820，Zjb123；Lc324，Q519，Z519/483，Zx143，Zgm320/205。

记录文献： —；赛道建 2017、2013，纪加义 1988a。

20.26　鸫科 Turdidae（Thrushes）

鸫科分属、种检索表

1. 次级飞羽基部下面具明显白色带斑 ·· 2
   次级飞羽基部下面无白色带斑，体羽不呈蓝黑色，腋羽、翅下覆羽纯色 ·················· 4 鸫属 Turdus
2. 下体白、斑杂状，羽端杂点斑，背具黑色点斑呈明显鳞斑，黄褐色较深 ·· 地鸫属 Zoothera，虎斑地鸫指名亚种 Z. aurea aurea
   下体非斑杂状，不具上述特征 ····································· 3 橙头白眉鸫属 Geokichla
3. 下体非斑杂状、无栗色，体背不具斑纹 ····················· 白眉地鸫 G. sibirica
   下体非斑杂状，几乎纯栗色 ····························· 橙头地鸫 G. citrina
4. 体羽黑或暗褐色，上体黑褐色，下体灰乌褐色沾锈色，颈无白翎 ················ 乌鸫指名亚种 T. mandarinus mandarinus
   体羽非全为黑色或暗褐色，后颈与背同色，头、颈、胸非纯黑色 ·················· 5
5. 翅下覆羽、腋羽具栗色或橙黄色 ··· 6
   翅下覆羽、腋羽灰色 ·· 9
6. 胁具斑点，耳羽纯灰褐色或暗褐色 ·· 7
   胁无斑点 ·· 8
7. 胸及腹侧斑点黑色，尾上覆羽浅褐色 ····························· 斑鸫 T. eunomus
   胸及腹侧斑点红褐色，尾上覆羽红褐色 ······················ 红尾斑鸫 T. naumanni
8. 腹侧白色（♂前胸红褐色）杂灰色，喉胸栗红色 ··············· 赤颈鸫 T. ruficollis
   腹侧红褐色（♂前胸灰色），喉近白色，杂灰色，下喉、胸灰色，仅两胁橙棕色 ·········· 灰背鸫 T. hortulorum
9. 具白色眉纹，胸和胁纯橙黄色 ································· 白眉鸫 T. obscurus
   不具眉纹，胸和胁浅褐灰色 ····································· 白腹鸫 T. pallidus

▶ **橙头白眉鸫属** *Geokichla*

橙头地鸫安徽亚种[*1] **Orange-headed Thrush** *Geokichla citrina courtoisi*（Hartert）

同种异名： 黑耳地鸫，天鸣鸟，橘鸟；—；*Zoothera citrina* Latham，*Zoothera citrina courtoisi*（Hartert）

形态特征： 中等体型，头橙黄色地鸫。嘴黑褐色。颏、喉淡鲜橙栗色，颊上具两道深色垂直斑纹。头、颈背橙栗色，头顶羽色较深。上体蓝灰色，翼黑褐色，下腹、肛周、尾下覆羽白色。尾暗褐色，中央尾羽、尾上覆羽蓝灰色，外侧尾羽内翈褐色有黑褐色横斑，外翈蓝灰色或仅羽缘蓝灰色，尖端白

[*1] 依孙祥涛在当地首次拍到的照片，鉴定为南四湖地区鸟类新记录。

橙头地鸫（孙祥涛 20170530 摄于微山湖国家湿地公园）

色。脚肉色。

生态习性： 栖息于低山丘陵和山脚地带的森林中。性怯，多单独或成对活动。在地上觅食，捕食昆虫及果实和种子。繁殖期 5～7 月。每窝产卵 3～4枚。雌雄亲鸟轮流孵卵。晚成雏，雌雄鸟共同育雏。

分布： ◎济宁；微山县 - 微山湖国家湿地公园（孙祥涛 20170530）。

◎济南，◎日照。

河南，陕西，安徽，江苏，浙江。

区系分布与居留类型：［东］V。

物种保护： 尚无特别保护措施，由于数量稀少，需注意物种与栖息环境的保护。

参考文献： H797，M696，Zjb243；Q338，Z625/583，Zx158，Zgm320/237。

记录文献： —；赛道建 2017。

白眉地鸫指名亚种　Siberian Thrush
Geokichla sibirica sibirica（Pallas）

同种异名： 白眉地鸫，白眉麦鸡，西伯利亚地鸫，地穿草鸡，阿南鸡；Siberian Ground Thrush；*Zoothera sibirica*（Pallas），*Turdus sibiricus*（Pallas）

形态特征： 近黑色（雄♂）、褐色（♀）地鸫。嘴黑色，下嘴基部黄色。眼先黑色，眉纹粗长、白色显著。耳羽黑褐色具细白色羽干纹。颏污黄色。上体额、头顶至尾上覆羽深蓝灰黑色。下体前、胸石板灰黑色，下胸、腹侧白色具蓝褐色横斑。腹中部、尾羽羽端及臀白色。中央 1 对尾羽深蓝灰黑色具浅暗色横斑，外侧尾羽黑褐色，外翈绿灰色具白色端斑。脚黄色。

生态习性： 栖息于林下植物发达的森林及河流水域附近林地。性活泼而隐蔽，单独、成对有时结群活动。在地上觅食，捕食各种昆虫、蠕虫，以及果实、

白眉地鸫（1958 采于喻屯镇，刘子波 20140517 摄于烟台市海阳县凤城）

种子等。繁殖期 5～7 月，每窝产卵 4～5 枚。

分布： ●◎济宁，南四湖（颜景勇 20080517）；任城区 - ●（1958 济宁一中）喻屯镇。

（P）◎东营，●青岛，◎烟台，◎枣庄，淄博；（P）胶东半岛，（P）鲁中山地，鲁西北平原，鲁西南平原湖区。

除宁夏、青海、新疆、西藏外，各省（自治区、直辖市）可见。

区系分布与居留类型：［古］（P）。

物种保护： Ⅲ，中日，Lc/IUCN。

参考文献： H798，M697，Zjb244；Lc334，Q340，Z626/584，Zx158，Zgm321/238。

记录文献： —；赛道建 2017、2013，纪加义 1988b。

▶ 地鸫属 *Zoothera*

虎斑地鸫指名亚种　White's Thrush
Zoothera aurea aurea（Holandre）

同种异名： 虎鸫，虎斑地鸫，顿鸫，虎斑山鸫，虎斑地鸫普通亚种；Golden Mountain Thrush；*Oreocincla aurea aurea*（Hollandre），*Zoothera dauma*（Latham），*Zoothera dauma aurea*（Holandre）

形态特征： 嘴褐色，下嘴基肉黄色。眼先棕白色微具黑色羽端，眼周棕白色。耳羽、颊、头侧、颧纹白色微具黑色端斑，耳羽后缘有黑色块斑。颏、喉白色微具黑色端斑。额至尾上覆羽鲜亮橄榄褐色。下体浅棕白色，胸、上腹和两胁白色具黑色端斑和浅棕色次端斑形成明显黑色鳞状斑；下腹中央和尾下覆羽浅

虎斑地鸫（马士胜 20170331 摄于九仙山）

灰背鸫（成素博 20140418 摄于日照市东港区崮子河）

棕白色。中央尾羽橄榄褐色，外侧尾羽逐渐转为黑色具白色端斑。脚肉色或橙肉色。

生态习性：栖息于河流两岸和地势低洼的密林中。性胆怯，单独或成对活动。在林下灌丛中或地上觅食，捕食昆虫及少量果实、种子。繁殖期5～8月。每窝产卵4～5枚，孵化期11～12天。晚成雏，雌雄亲鸟共同育雏，育雏期12～13天。

分布：●济宁；曲阜 - 石门寺，九仙山（马士胜20170331）；微山县 - ●（1958济宁一中）微山湖。

◎滨州，（P）◎东营，（S）菏泽，（P）◎济南，聊城，（P）◎青岛，（P）◎日照，（P）●◎泰安，淄博；胶东半岛，鲁中山地，鲁西北平原，鲁西南平原湖区。

除宁夏、青海、新疆、西藏外，各省（自治区、直辖市）可见。

区系分布与居留类型：［广］（P）。

物种保护：Ⅲ，日。

参考文献：H801，M700，Zjb247；Lc339，Q340，Z629/587，Zx158，Zgm322/239。

记录文献：郑作新 2000；赛道建 2017、2013，纪加义 1988b，济宁站 1985。

▶ **鸫属** *Turdus*

灰背鸫　Grey-backed Thrush
Turdus hortulorum Sclater

同种异名：灰背鹟，灰背赤腹鸫；—；—

　　形态特征：嘴黄褐色，上嘴前端有缺刻。眼先黑色。头部石板灰色微沾橄榄色，两侧缀橙棕色；耳羽褐色具白色细羽干纹。颏、喉淡白色缀赭色具黑褐色羽干纹，两侧具黑色斑点。上体从头至尾、两翅石

板灰色，飞羽黑褐色。胸淡灰色具黑褐色三角形羽干斑，下胸中部和腹中央污白色，下胸两侧、两胁、腋羽和翼下覆羽亮橙栗色。尾黑色。尾下覆羽白色缀淡皮黄色。脚肉色。雌鸟上体褐色，喉及胸白色，胸侧两胁具黑色点斑。

生态习性：栖息于低山丘陵的森林、疏林草坡和农田地带。单独、成对或集群活动。地栖性，在地上活动觅食，捕食昆虫、蚯蚓等小动物，以及果实、种子。繁殖期5～8月，每窝产卵3～5枚，雌鸟孵卵，孵化期约14天。晚成雏，雌雄亲鸟共同育雏，育雏期约11天。本地虽有分布记录，但无标本、照片实证。

分布：（P）济宁；曲阜 - （P）石门寺。

（P）◎东营，◎济南，（P）●青岛，（P）◎日照，（P）●泰安，◎▲烟台，淄博；胶东半岛，鲁中山地，鲁西北平原，鲁西南平原湖区。

除宁夏、青海、西藏外，各省（自治区、直辖市）可见。

区系分布与居留类型：［古］（P）。

物种保护：Ⅲ，中日，Lc/IUCN。

参考文献：H804，M702，Zjb250；Lc343，Q342，Z631/590，Zx159，Zgm323/240。

记录文献：—；赛道建 2017、2013，纪加义 1988b，济宁站 1985。

乌鸫指名亚种　Chinese Blackbird
Turdus mandarinus mandarinus Bonaparte

同种异名：黑鸫，乌鹟，春鸟，百舌，反舌，中国黑鸫，乌鸫；Common Blackbird，Eurasian Blackbird，Blackbird；*Turdus merula* Linnaeus，*Turdus mandarinus* Bonaparte，1850，*Turdus wulsini* Riley，1925，*Turdus*

店（20160614）；鱼台县 - 夏家（张月侠 20160613）。

●◎滨州，德州◎，（R）◎东营，（R）菏泽，（R）◎济南，聊城，◎临沂，莱芜，（P）◎青岛，●（W）◎日照，（R）●◎泰安，潍坊（R）●◎，◎威海，◎烟台，◎枣庄，◎淄博；胶东半岛，鲁中山地，鲁西北平原，鲁西南平原湖区。

除青海、新疆、西藏外，各省（自治区、直辖市）可见。

区系分布与居留类型：［古］R（RPW）。

物种保护：Ⅲ，中日，Lc/IUCN。

参考文献：H768，M787，Zjb212；Lc407，Q324，Z598/558，Zx152，Zgm338/229。

记录文献：—；赛道建 2017、2013，孙太福 2017，李久恩 2012，纪加义 1988a，济宁站 1985。

▶ 石䳭属 Saxicola

黑喉石䳭东北亚种　Siberian Stonechat
Saxicola maurus stejnegeri（Parrot）

同种异名：黑喉鸲，野鸲，谷尾鸟，石栖鸟；Common Stonechat；*Saxicola torquata*，*Saxicola maura*（Pallas），*Motacilla torquata* Linnaeus，1766，*Pratincola indica* Swinhoe，1863，*Pratincola rubicola stejnegeri* Parrot，1908，*Saxicola torquata* 黑田长礼和堀川安市，1921，*Saxicola maura stejnegeri*（Parrot），*Pratincola torquata stejnegeri*（Parrot）

形态特征：体黑、白及赤褐色鸲。嘴黑色。颏、喉黑色。头部及背、肩、上腰黑色、羽具棕色羽缘。背深褐色，飞羽黑色，颈及翼上具粗大白色斑。颈侧、上胸两侧白色形成半领环，胸栗棕色，腹、胁淡棕色，腹中部和尾下覆羽白色。下腰及尾上覆羽的白色羽缘沾棕色。尾羽黑色，基部白色。脚近黑色。雌

黑喉石䳭（陈保成 20100507 摄于昭阳村，赵迈 20160404 摄于微山湖国家湿地公园）

鸟色暗，翼上具白色斑，下体皮黄色。

生态习性：栖息于低山丘陵、平原草地、沼泽、湖泊与河流沿岸附近灌丛草地。单独或成对活动。喜站在枝头注视四周，见有昆虫飞捕之后返回原处，捕食昆虫、蚯蚓、蜘蛛等动物和果实、种子。繁殖期 4～7 月。每窝产卵 5～8 枚，雌鸟孵卵，孵化期 11～13 天。晚成雏，雌雄亲鸟共同育雏，育雏期 12～13 天。

分布：（P）◎济宁；任城区 - 太白湖（聂圣鸿 20170408，张月侠 20170429，杜文东 20180922）；曲阜 -●（19850405）董庄，（P）石门寺；金乡县 -（P）肖云；梁山县 - 赵坝（葛强 20161003）；微山县 - 昭阳村（陈保成 20100507），微山湖国家湿地公园（20160414，赵迈 20160404）；鱼台县 - 夏家（张月侠 20160505）。

◎滨州，（P）◎东营，（P）菏泽，◎济南，聊城，◎临沂，◎莱芜，（P）◎青岛，（P）◎日照，（P）●◎泰安，◎威海，◎烟台；胶东半岛，鲁中山地，鲁西北平原，鲁西南平原湖区。

黑龙江，吉林，辽宁，内蒙古，河北，北京，天津，山西，河南，陕西，安徽，江苏，上海，浙江，江西，湖南，湖北，重庆，贵州，云南，福建，台湾，广东，广西，海南，香港，澳门。

区系分布与居留类型：［广］S（P）。

物种保护：Ⅲ，中日，Lc/IUCN。

参考文献：H782，M804，Zjb227；Lc421，Q332，Z610/569，Zx155，Zgm342/233。

记录文献：—；赛道建 2017、2013，纪加义 1988a，济宁站 1985。

▶ 矶鸫属 Monticola

蓝矶鸫华北亚种[1]　Blue Rock Thrush
Monticola solitarius philippensis（Müller）

同种异名：麻石青，红腹石青，石鸫；—；*Monticola manilla* Ogilvie-Granat，1863，*Monticola philippensis taivanensis* Momiyama，1930，*Petrocincla pandoo* Sykes，1832，*Petrophila solitaria magna* La Touche，1920，*Turdus solitarius* Linnaeus，1758，*Turdus philippensis* Muller，1776，*Petrocincla manilensis* Swinhoe，1863，*Monticola philippensis philippensis*（Müller）

形态特征：中等体型，青石灰色矶鸫。嘴黑色。眼先近黑色。上体暗蓝灰色，具鳞状斑纹；下背至尾

―――――――――

[1] 纪加义等（1986）记为济宁市鸟类新记录。

蓝矶鸫（张月侠 20160505 摄于鹿洼煤矿塌陷区）

上覆羽具白色端及黑褐色次端斑。翅近黑色。下体自颏至胸部辉蓝色，后部与腋羽栗红色。尾近黑色，外翈羽缘蓝色。脚和趾黑褐色。雌鸟嘴暗褐色，上体蓝灰色具不明显黑色横斑，背部横斑明显，下背、尾上覆羽灰蓝色具黑褐色次端斑。

生态习性： 栖息于多岩石的山谷山溪、湖泊等水域附近及城镇、村庄、公园。单独或成对活动。捕食昆虫。繁殖期 4～7 月。每窝产卵 3～6 枚，卵产齐后雌鸟孵卵，雄鸟警戒，孵化期 12～13 天。晚成雏，雌雄鸟共同育雏，育雏期 17～18 天。

分布：（P）◎济宁；（P）曲阜；（P）微山县 - ●（19830911）鲁桥；鱼台县 - 鹿洼煤矿塌陷区（张月侠 20160505）。

●滨州，（S）◎东营，（S）菏泽，（S）◎济南，聊城，（S）临沂，◎莱芜，（S）●青岛，◎日照，（S）●◎泰安，（S）潍坊，◎威海，◎烟台，淄博；胶东半岛，鲁中山地，鲁西北平原，鲁西南平原湖区。

黑龙江，吉林，辽宁，内蒙古，河北，北京，山西，河南，安徽，江苏，上海，浙江，江西，四川，重庆，贵州，云南，福建，台湾，广东，广西，海南，香港。

区系分布与居留类型：［广］（S）。

物种保护： Lc/IUCN。

参考文献： H794，M693，Zjb239；Lc431，Q338，Z621/580，Zx157，Zgm345/236。

记录文献： —；赛道建 2017、2013，纪加义 1988b、1986，济宁站 1985。

白喉矶鸫　White-throated Rock Thrush
Monticola gularis[*1]（Swinhoe）

同种异名： 蓝头矶鸫，蓝头矶鸫，葫芦翠；Blue-

[*1] 曾作为 *Monticola cincolrhynchus*（Vigors）蓝头矶鸫 Blue-capped Rock Thrush 之 *gularis*（Swinhoe）亚种

headed Rock Thrush；*Monticola cincolrhynchus gularis*（Swinhoe）

形态特征： 两性异色。嘴近黑色。眼先与颊栗色，上缘黑色纹延伸至眼后方，眼周棕栗色。前额、头顶、颈背钻蓝色。耳羽、颈侧黑色杂有棕色细纹。颏、喉、胸浓栗色，喉中央具白色大块斑。背和肩部黑色有棕白色羽缘形成鳞状斑纹，以肩和下背部明显。腰、尾上覆羽浓栗色。翅黑褐色。下体橙栗色，腹中央和尾下覆羽棕黄色。尾羽黑褐色。脚暗橘黄色。雌鸟羽色暗淡。上体橄榄褐色具暗褐色细纹，背部黑色羽缘形成鳞状斑。腰、尾上覆羽棕白色具 2 道黑褐色横斑。

白喉矶鸫（1958 采于喻屯镇，刘子波 20150510 摄于烟台市海阳县凤城）

生态习性： 栖息于多岩山地的针阔混交林和针叶林，长时间静立在树顶或岩巅处。多在林下地面或灌丛间觅食，捕食各种昆虫及其幼虫。繁殖期 5～7 月。每窝产卵 6～8 枚，雌鸟孵卵，孵化期 13～15 天。雌雄亲鸟共同育雏，育雏期 14～15 天。

分布： ●济宁；任城区 - ●（1958 济宁一中）喻屯镇；微山县 - ●（1958 济宁一中）微山湖；邹城。

（P）◎东营，●济宁，（P）●青岛，◎日照，◎烟台；胶东半岛，鲁中山地，鲁西北平原，鲁西南平原湖区。

黑龙江，吉林，辽宁，内蒙古，河北，北京，山西，河南，陕西，甘肃，安徽，江苏，上海，浙江，江西，湖南，湖北，四川，云南，福建，台湾，广东，广西，香港。

区系分布与居留类型：［古］（P）。

物种保护： Lc/IUCN。

20.30　岩鹨科 Prunellidae（Accentors）

▶ 岩鹨属 *Prunella*

棕眉山岩鹨指名亚种 [1]　Siberian Accentor *Prunella montanella montanella*（Pallas）

同种异名： 篱笆雀；Mountain Accentor；*Motacilla montanella* Pallas，1776

　　形态特征： 嘴暗褐色，下嘴基缘黄褐色。头部图纹醒目，额、头部和枕部黑褐色；宽阔棕黄色眉纹自嘴基经眼上达于后枕为黑褐色，余部赭黄色。颏、喉橙皮黄色。背羽棕褐色具暗褐色纵纹，腰、尾上覆羽灰褐色。胸棕黄色，腹以下淡黄色具黑褐色纵纹。尾羽灰褐色具棕色羽缘。脚暗黄色。

　　生态习性： 栖息于阔叶林、疏林地区及近溪流的灌丛。捕食昆虫，也食用植物种子。繁殖期6～7月。在林中小树、灌木上或灌木丛地上营巢。每窝产卵3～6枚。本地虽有分布记录，但无标本、照片实证。

　　分布： 济宁；微山县 - 鲁山。

　　（W）◎东营，（W）●◎泰安；胶东半岛、鲁中山地，鲁西北平原，鲁西南平原湖区。

　　黑龙江，吉林，辽宁，内蒙古，河北，北京，天津，山西，河南，陕西，宁夏，甘肃，青海，新疆，

棕眉山岩鹨（李在军 20080930 摄于东营河口区）

安徽，上海，四川，台湾。

　　区系分布与居留类型：［古］（W）。

　　物种保护： Ⅲ，Lc/IUCN。

　　参考文献： H731，M1230，Zjb174；Lc512，Q306，Z568/530，Zx149，Zgm366/219。

　　记录文献： —；赛道建 2017、2013，纪加义 1988a、1986，济宁站 1985。

20.31　梅花雀科 Estrildidae（Waxbills and Allies）

▶ 文鸟属 *Lonchura*

白腰文鸟华南亚种　White-rumped Munia *Lonchura striata swinhoei*（Cabanis）

同种异名： 十姐妹，十姊妹，白丽鸟，禾谷，算命鸟，衔珠鸟，观音鸟；—；*Loxia striata* Linnaeus，1766，*Munia acuticauda* Swinhoe，1863，*Uroloncha acuticauda*，*Lonchura striata phaethontoptila*

　　形态特征： 上嘴黑色，下嘴蓝灰色。额、头顶前部，以及眼先、眼周、颊、颏、喉和嘴基黑褐色。耳羽和颈侧淡褐色或红褐色具细白色条纹或斑点。头顶后部、背和肩暗沙褐色或灰褐色具白色或皮黄白色羽干纹。上体红褐色或暗沙褐色具白色羽干纹，腰白

白腰文鸟（聂圣鸿 20170408 摄于太白湖，刘兆普 20160820 摄于南郊公园）

---

[1] 纪加义等（1986）记为济宁市鸟类新记录。

色。翅黑褐色。颈侧和上胸栗色具浅黄色羽干纹和淡棕色羽缘，上胸栗色，各羽具浅黄色羽干纹和羽缘，下胸、腹和胁白色且各羽具不明显"U"形淡褐色斑或鳞状斑；肛周、尾下覆羽和覆腿羽栗褐色具棕白色细纹或斑点。尾黑色、楔状，尾上覆羽栗褐色具棕白色羽干纹和红褐色羽端。脚灰色。

生态习性：栖息于低山丘陵和山脚平原地带的林缘、灌丛、田园。成对好结群活动。采食稻谷和植物草籽、种子、果实及少量昆虫。每年可繁殖2～3窝。每窝产卵4～6枚。雌雄亲鸟轮流孵卵，孵卵期约14天。晚成雏，雌雄亲鸟轮流哺育，育雏期约19天。

分布：◎济宁；任城区-南郊公园（刘兆普20120608、20160820），太白湖（聂圣鸿20170408）；鱼台县-书香宾舍（张月侠20150824）。

◎日照，（P）◎泰安。

河南，陕西，甘肃，安徽，江苏，上海，浙江，江西，湖南，湖北，四川，重庆，贵州，云南，福建，台湾，广东，广西，香港，海南，澳门。

区系分布与居留类型：［东］（P）。

物种保护：Lc/IUCN。

参考文献：H1168，M1239，Zjb624；Lc496，Q508，Z951/888，Zx197，Zgm368/358。

记录文献：—；赛道建2017、2013。

20.32 雀科 Passeridae（Old World Sparrows）

雀科麻雀属 *Passer* 分种检索表

1. 无眉纹，头顶红褐色，胸非黑色 ·· 2
   有眉纹，眉纹土黄色或近白色，上体灰褐色，腰棕褐色，胸及体侧无纵纹，沾黄色 ····················
   ··· ♀ 山麻雀 *P.cinnamomeus rutilans*
2. 耳羽处有黑色块斑 ··· 麻雀 *P.montanus Saturatus*
   耳羽处有无黑色块斑 ··························· ♂ 山麻雀 *P.cinnamomeus rutilans*

山麻雀普通亚种　Russet Sparrow *Passer cinnamomeus rutilans*（Temminck）

同种异名：山麻雀普通亚种，黄雀，红雀，桂色雀；Cinnamon Sparrow；*Fringilla rutilans* Temminck，1836，*Passer russatus*（Temminck），*Passer rutilans kikuchii*，*Passer rutilans rutilans*（Temminck）

形态特征：嘴黑色。眼先、眼后黑色、颊、耳羽、头侧白色或淡灰白色。颏和喉部中央黑色，喉侧、颈侧灰白色。上体从额、头顶、后颈到背、腰栗红色，上背中央具黑色纵条纹，背、腰外翈具窄土黄色羽缘和羽端。两翅暗褐色。腋羽灰白色沾黄色。下体灰白色有时微沾黄色；覆腿羽栗色。尾暗褐色或褐色具土黄色羽缘，中央尾羽边缘稍具红色，尾上覆羽黄褐色。脚粉褐色。雌鸟嘴暗褐色，色暗，贯眼纹色深而宽，眉纹长，奶油色。

生态习性：栖息于低山丘陵、山脚平原地带的森林和灌丛。单独或成对、小群活动。杂食性，捕食昆虫及植物的果实和种子。繁殖期4～8月。每窝产卵4～6枚，每年可繁殖2～3窝。

分布：（R）◎济宁；任城区-济宁公园（聂成林20090904）；曲阜-九仙山（马士胜20150617），孔林（孙喜娇20150430）；（R）微山县-微山湖（徐炳书20110514、20120701）；（R）邹城。

（R）◎东营，（R）菏泽，◎济南，◎莱芜，（R）●◎泰安，（R）潍坊，◎威海，◎烟台，◎淄博；胶东半岛，鲁中山地，鲁西北平原，鲁西南平原湖区。

河北，北京，天津，山西，河南，陕西，宁夏，甘肃，青海，安徽，江苏，上海，浙江，江西，湖南，湖北，四川，重庆，云南，福建，台湾，广东，广西，香港。

区系分布与居留类型：［广］（R）。

物种保护：Ⅲ，中日，Lc/IUCN。

参考文献：H1156，M1197，Zjb611；Lc482，Q504，Z939/878，Zx195，Zgm371/353。

山麻雀（徐炳书 20110514 摄于微山湖）

树鹨东北亚种　Olive-backed Pipit
Anthus hodgsoni yunnanensis Uchidaet et Kuroda

同种异名：木鹨，麦加蓝儿，树鲁；Tree Pipit，Indian Tree Pipit，Oriental Tree Pipit，Earstern Tree Pipit；*Anthus agilis*，*Anthus maculatus* Jerdon，1864，*Anthus trivialis hodgsoni* Richmond，1907

形态特征：中等橄榄色鹨。嘴细长，上嘴黑色、下嘴肉黄色。眼先黄白色或棕色，眉纹嘴基棕黄色向后转为白色或棕白色，贯眼纹黑褐色，耳后有白色斑。颏、喉白色或棕白色，颧纹黑褐色。上体橄榄绿色或绿褐色，头顶具明显的黑褐色纵纹。下背、腰至尾上覆羽几乎纯橄榄绿色、无纵纹或纵纹极不明显。翅尖长，黑褐色具橄榄黄绿色羽缘。下体灰白色，胸和两胁具粗着黑色纵纹。尾细长，黑褐色具橄榄绿色羽缘。腿细长，肉色或肉褐色，后趾具长爪。

树鹨（张月侠 20160403 摄于欢城下辛庄）

生态习性：栖息在阔叶林、混交林和针叶林等山地森林中，迁徙期和冬季多栖于低山丘陵和山脚平原草地，在林缘、路边、河谷、林间空地、草地、居民点和社区等各类生境活动。性机警，成对或成小群活动，迁徙期间集较大群，受惊后立刻飞到附近树上，站立时尾常上下摆动。多在地上奔跑觅食。主要捕食昆虫和小型无脊椎动物，以及苔藓、谷粒、杂草种子。繁殖期6～7月。每窝产卵4～6枚。主要由雌鸟孵卵，孵化期13～15天。

分布：●（P）◎济宁，南四湖；●（19830203）金乡；（P）微山县 - 高楼（20160413），欢城下辛庄（20161211，张月侠 20160403、20170401），（P）鲁山，●（19841006）鲁桥，●（1958济宁一中）南阳湖，微山湖。

◎德州，（P）◎东营，（P）◎菏泽，聊城，◎莱芜，●（P）◎青岛，（P）日照，（P）●泰安，◎烟台，◎淄博；胶东半岛，鲁中山地，鲁西北平原，鲁西南平原湖区。

除山西、西藏外，各省（自治区、直辖市）可见。

区系分布与居留类型：［古］（PW）。
物种保护：Ⅲ，中日，Lc/IUCN。
参考文献：H607，M1218，Zjb47；Lc545，Q254，Z453/422，Zx126，Zgm380/177。
记录文献：朱曦 2008；赛道建 2017、2013，李久恩 2012，宋印刚 1998，纪加义 1987d，济宁站 1985。

北鹨指名亚种　Pechora Pipit
Anthus gustavi gustavi Swinhoe

同种异名：白背鹨；—；—

形态特征：中型褐色鹨。嘴细长，上嘴角质色、下嘴粉红色。眉纹淡棕色，耳羽栗褐色。上体棕褐色，具黑褐色纵纹及白色羽缘，白色纵纹成两个"V"形，翼具白色斑。下体灰白色，颈侧、胸、胁有黑褐色纵纹。尾细长，尾羽暗褐色具棕色羽缘，最外侧尾羽具白色端斑。腿趾粉红色、细长，后趾具长爪。

北鹨（徐炳书 20091207 摄于微山湖）

生态习性：栖息于河滩、海滨、灌木丛、田野及林缘地区。成对在地面活动，尾有规律地上下摆动。在地上觅食，捕食昆虫，食物缺乏时采食少量植物。繁殖期6～7月。通常产卵4～6枚。雌雄鸟轮流孵卵育雏，孵化期10天。晚成雏，育雏期13天。

分布：微山县 - 微山湖（徐炳书 20091207）。

◎东营，●青岛，（P）日照；胶东半岛，鲁中山地，鲁西北平原，鲁西南平原湖区。

黑龙江，吉林，辽宁，内蒙古，河北，天津，甘肃，新疆，江苏，上海，浙江，江西，福建，台湾，广东，香港，澳门。

区系分布与居留类型：［古］（P）。

物种保护：Ⅲ，中日，Lc/IUCN。

参考文献：H608，M1219，Zjb48；Lc548，Q256，Z455/423，Zx126，Zgm381/178。

记录文献：—；赛道建 2017、2013，纪加义 1988d。

红喉鹨[*1] Red-throated Pipit
Anthus cervinus（Pallas）

同种异名：赤喉鹨；—；—

形态特征：中型褐色鹨。嘴褐色、基部黄色。耳羽棕褐色或暗黄褐色。头红褐色，具黑褐色中央纹，眉纹、脸、喉与胸砖红色。上体黑褐色，具棕白色羽缘，腰具纵纹和黑色斑块，翅覆羽缘沾黄色，胸较少粗黑色纵纹，体侧具暗色粗纵纹，腹皮黄色。脚肉红色。雌鸟喉暗粉红色。下体皮黄白色，纵纹粗著。

红喉鹨（陈云江 20110426 摄于济南市历城区仲宫）

生态习性：栖息于灌丛、草甸、平原和低山山脚地带。多成对地面活动，尾常做规律地上下摆动。在地上觅食，捕食昆虫及少量植物。繁殖期 6～7 月。通常产卵 4～6 枚。雌雄鸟轮流孵卵，孵化期约 10 天。晚成雏，雌雄鸟共同育雏，育雏期约 13 天。本地虽有分布记录，但无标本、照片实证。

分布：（P）济宁；微山县 -（P）南阳湖。

◎东营，◎济南，◎日照，（P）●◎泰安，◎烟台；胶东半岛，鲁中山地，鲁西北平原，鲁西南平原湖区。

除宁夏、青海、西藏外，各省（自治区、直辖市）可见。

区系分布与居留类型：［古］P（PR）。

物种保护：Ⅲ，中日，Lc/IUCN。

参考文献：H610，M1221，Zjb50；Lc550，Q256，Z456/424，Zx126，Zgm382/178。

记录文献：—；赛道建 2017、2013，纪加义 1987d、1986，济宁站 1985。

黄腹鹨东北亚种 Buff-bellied Pipit
Anthus rubescens japonicus[*2]
（Temminck et Schlegel）

同种异名：水鹨日本亚种；American Pipit；*Anthus pratensis japonicus* Temminck & Schlegel，*Anthus spinoletta japonicus* Temminck et Schlegel

形态特征：上嘴角质色、下嘴偏粉色；眉纹前部棕黄色，后部棕白色，贯眼纹、颧纹黑褐色。上体浓褐色，头顶细密黑褐色纵纹延伸到背部消失，下背至尾上覆羽几乎纯褐色，三级飞羽几与翅尖齐，下体白色，胸具粗著黑色纵纹，颈侧块斑近黑色。尾黑褐色，外侧尾羽具白色斑。腿细长、暗黄色，后趾具长爪。脚暗黄色。

黄腹鹨（张月侠 20160211 摄于欢城下辛庄）

生态习性：栖息于山地森林及疏林灌丛、丘陵山脚平原草地。成对或小群在林缘、空地、河谷、草地及居民区各类生境活动。在地上或灌丛中觅食昆虫，兼食植物种子。繁殖期 5～7 月。雌雄亲鸟共同营巢。雌鸟孵卵，孵化期 13 天。晚成雏，雌雄鸟共同育雏。

分布：济宁；微山县 - 欢城下辛庄（张月侠 20160211），南阳湖惠河口（张月侠 20180213），昭阳村（楚贵元 20100405）。

◎德州，◎东营，◎济南，日（P）◎照，◎泰

湾，广东，广西，香港，澳门。

区系分布与居留类型：［古］（PW）。

物种保护：Ⅲ，Lc/IUCN。

参考文献： H1246，M1314，Zjb704；Lc609，Q548，Z1025/957，Zx205，Zgm405/380。

记录文献：—；赛道建 2017、2013，孙太福 2017，纪加义 1988d，济宁站 1985。

田鹀指名亚种　Rustic Bunting
Emberiza rustica rustica Pallas

同种异名： 田雀，花眉子，白眉儿，花嗉儿；—；—

形态特征： 上嘴和嘴尖角褐色，下嘴肉色。眉纹白色。耳羽后方有白色块斑。头部及短羽冠黑色，部分羽端有栗黄色。颏、喉白色。背部至尾上覆羽为栗红色，背羽中央有黑褐色纵纹，羽缘土黄色，其余有黄色狭缘。体背栗红色具黑色纵纹，翼及尾灰褐色。颈侧、下体腹部及尾下覆羽白色，上胸胸带栗红色，胁部栗色，形成栗红色胸带及体侧栗色斑。尾羽黑褐色。脚肉黄色。雌鸟白色部位暗，皮黄色颊斑边缘黑色，后方具白色点斑。幼鸟纵纹密布。

田鹀（徐炳书 20160118 摄于微山湖）

生态习性： 栖息于低山山麓、开阔田野、平原林地、灌丛和沼泽草甸。成群迁徙，分散或单独活动。在地面取食杂草种子、松籽、昆虫和蜘蛛等。繁殖期 5～7 月。每窝产 4～6 枚卵。雌鸟孵卵，孵化期 12～13 天。幼鸟留巢期 14 天

分布：（W）济宁；（W）金乡县；微山县-微山湖（徐炳书 20160118）；（W）鱼台县。

◎德州，（W）◎东营，（W）菏泽，聊城，●青

岛，◎日照，（W）●泰安，▲◎烟台；胶东半岛，鲁中山地，鲁西北平原，鲁西南平原湖区。

黑龙江，吉林，辽宁，内蒙古，河北，北京，天津，山西，河南，陕西，宁夏，甘肃，新疆，安徽，江苏，上海，浙江，江西，湖南，湖北，四川，重庆，云南，福建，台湾，广东，香港，澳门。

区系分布与居留类型：［古］（W）。

物种保护：Ⅲ，中日，Lc/IUCN。

参考文献： H1244，M1315，Zjb702；Lc612，Q548，Z1023/956，Zx205，Zgm405/380。

记录文献：—；赛道建 2017、2013，孙太福 2017，李久恩 2012，纪加义 1988d，济宁站 1985。

黄喉鹀东北亚种　Yellow-throated Bunting
Emberiza elegans ticehursti Sushkin

同种异名： 黄眉子，春暖儿，探春，黄豆瓣，黑月子，黄凤儿；Yellow-headed Bunting, Elegant Bunting；*Emberiza elegans sirbirica* Sushkin

形态特征： 嘴黑褐色，圆锥形，上下喙边缘切合线中有缝隙。前额、头顶、头侧和短冠羽黑色，自额基至枕侧长而宽阔的眉纹前段白色或黄白色，后段较前段宽粗呈鲜黄色。颏黑色，上喉黄色，下喉白色。后颈黑褐色具灰色羽缘或为灰色。背、肩栗红色或栗褐色，具粗著黑色羽干纹，皮黄色或棕灰色羽缘。腰和尾上覆羽淡棕灰色或灰褐色，有时微沾棕栗色。飞羽黑褐色或黑色。尾羽黑褐色，羽缘浅灰褐色。脚浅灰褐色。雌鸟色暗，褐、皮黄色分别取代黑、黄色。

黄喉鹀（张月侠 20161211 摄于欢城下辛庄）

生态习性： 栖息于低山丘陵地带的树林和林缘灌丛。性活泼而胆小，单独、成对或成小群活动。捕食昆虫和幼虫。繁殖期 5～7 月，每年可繁殖 2 窝。每

窝产卵约 6 枚。满窝后雌雄鸟轮流孵卵，孵卵期间恋巢性强，孵化期 11～12 天。晚成雏。

分布： ●◎济宁；梁山县-张桥（葛强 20160327）；微山县-●（1958济宁一中）微山湖，微山岛（20160218），蒋集河（20161209，张月侠 20161209），欢城下辛庄（20161211，张月侠 20161211、20170401），微山湖国家湿地公园（20170308）。

●◎滨州，◎德州，（W）◎东营，（P）◎济南，◎莱芜，●◎青岛，（W）◎日照，（W）●◎泰安，（P）◎潍坊，▲◎烟台，◎淄博；胶东半岛，鲁中山地，鲁西北平原，鲁西南平原湖区。

黑龙江，吉林，辽宁，内蒙古，河北，北京，天津，山西，河南，陕西，宁夏，甘肃，新疆，安徽，江苏，上海，浙江，江西，湖北，四川，重庆，福建，广东，广西，香港。

区系分布与居留类型：［古］（PW）。

物种保护： Ⅲ，中日，Lc/IUCN。

参考文献： H1234，M1316，Zjb692；Lc615，Q542，Z1013/947，Zx 205，Zgm406/380。

记录文献： —；赛道建 2017、2013，孙太福 2017，李久恩 2012，纪加义 1988d，济宁站 1985。

黄胸鹀指名亚种　Yellow-breasted Bunting
Emberiza aureola aureola Pallas

同种异名： 金鹀，黄鸀（jū）；Golden Bunting；—

　　形态特征： 色彩鲜亮鹀。上嘴灰色、下嘴粉褐色，顶冠栗色，脸、喉黑色。上体栗红色，翼具显著的特征性白色肩纹或斑块、狭窄白色翼斑，翼上白色斑飞行时明显。下体黄色领环与胸腹部间有栗色胸带。冬羽色淡，颏、喉黄色，耳羽黑色具杂斑。雌鸟及幼鸟浅沙色，顶纹两侧有深色侧冠纹，下颊纹不明显，长眉纹浅淡皮黄色。脚淡褐色。腰、尾上覆羽栗

红色；外侧两对尾羽的外侧具楔状斑。飞行时翼上白色斑明显可见，配合体色，是辨识的主要特征。

　　生态习性： 栖息于低山丘陵、开阔平原地带的灌丛、草甸、草地和林缘。捕食昆虫、小型动物，以及草籽、种子和谷物。繁殖期 5～7 月。每窝产卵 3～6 枚。雌雄鸟共同孵卵，孵化期 12～14 天。晚成雏，雌雄亲鸟共同育雏，留巢期 13～14 天。

　　分布： ●济宁；任城区-南阳湖农场（董宪法 20180923）；微山县-●（19840421、19840424）鲁桥，●（1958济宁一中）微山湖。

　　（P）◎东营，（P）◎菏泽，（P）◎济南，临沂，（P）●青岛，日照，（P）●◎泰安，▲◎烟台；胶东半岛，鲁中山地，鲁西北平原，鲁西南平原湖区。

　　除西藏、海南外，各省（自治区、直辖市）可见。

区系分布与居留类型：［古］（P）。

物种保护： Ⅲ，中日，Vu/IUCN。

参考文献： H1233，M1317，Zjb691；Lc618，Q542，Z1012/945，Zx206，Zgm406/381。

记录文献： —；赛道建 2017、2013，纪加义等 1988d，济宁站 1985。

栗鹀　Chestnut Bunting
Emberiza rutila Pallas

同种异名： 锈鹀，白眉子，红金钟，紫背儿，大红袍；Ruddy Bunting；—

　　形态特征： 栗、黄色鹀。上嘴棕褐色，下嘴淡褐色。整体特征呈头、上体及胸栗色而腹部黄色。包括头部、喉、颈、上体、翼覆羽、内侧飞羽外翈和上胸栗红色，腰和尾上覆羽色较浅淡，各羽微染灰绿色。

黄胸鹀（19840421 采于鲁桥，张保元提供；董宪法 20180923 摄于南阳湖农场）

栗鹀（1958 采于南阳湖，张保元提供）

Siberian Blue Robin   165
Siberian Crane   47
Siberian Flycatcher   171
Siberian Ground Thrush   159
Siberian Gull   74
Siberian Meadow Bunting   196
Siberian Rubythroat   166
Siberian Rubythroat robin   166
Siberian Stonechat   169
Siberian Thrush   159
Silky Starling   156
Silver-throated Bushtit   147
Siskin   193
Skylark   134
Slavonian Grebe   29
Smew   25
Snowy Plover   55
Sooty Flycatcher   171
Spangled Drongo   120
Sparrow hawk   96
Spectacled Laughing Thrush   152
Spotted Dove   34
Spotted Redshank   63
Spruce Siskin   193
Streaked Fantail Warbler   135
Striated Heron   85
Swallow-plover   71
Swamp Hawk   97
Swan Goose   7
Swans   6
Swinhoe's Finch-billed Bulbul   141
Swinhoe's Snipe   59
Swinhoe's Whiskered Tern   75

T

Taiga Flycatcher   173
Tawny Prinia   136
Tawny-flanked Prinia   136
Temminck's Stint   68

Temmink's Gull   73
Thick-billed Reed Warbler   138
Thick-billed Shrike   122
Thick-billed Warbler   138
Thick-billed Willow Warbler   144
Tibetan Tern   75
Tiger Shrike   122
Tree Pipit   185
Tree Sparrow   179
Treecreeper   152
Tricoloured Flycatcher   172
Tristram's Bunting   196
Tufted Duck   23
Tundra Bean Goose   8
Tundra Swan   11

U

Upland Buzzard   100
Upland Pipit   187

V

Vega Gull   74
Vinous-throated Parrotbill   148
Von Schrenck's Bittern   83

W

Water Pheasant   56
Water Pipit   187
Watercock   45
Waxwing   175, 176
Webb's Parrotbill   148
Western Marsh Harrier   97
Western Yellow Wagtail   182
Whimbrel   61, 62
Whiskered Tern   75
Whistling Swan   11
White Spoonbill   81
White Stork   78
White Wagtail   183

White-breasted Waterhen   44
White-browed Bush Dweller   148
White-browed Thrush   161
White-cheeked Starling   156
White-naped Crane   48
White-rumped Munia   177
White-tailed Sea Eagle   99
White-throated Rock Thrush   170
White-winged Black Tern   76
White-winged Tern   76
White's Thrush   159
Whooper Swan   12
Willow Warbler   143, 145
Wood Sandpiper   66
Woodcock   58
Wryneck   111

Y

Yellow Bittern   83
Yellow Wagtail   181
Yellow-bellied Tit   130
Yellow-billed Grosbeak   190
Yellow-billed Kite   99
Yellow-breasted Bunting   200
Yellow-browed Bunting   198
Yellow-browed Warbler   145
Yellow-headed Bunting   199
Yellow-headed Wagtail   182
Yellow-legged Buttonquail   70
Yellow-legged Gull   74
Yellow-rumped Flycatcher   172
Yellow-rumped Willow Warbler   145
Yellow-streaked Warbler   144
Yellow-throated Bunting   199

Z

Zappey's Flycatcher   174
Zitting Cisticola   135

附录 3　中文名索引

A

阿穆尔隼　116
阿南鸡　159
鹌鹑　3, 4
阿兰　134
阿鹦　134
暗绿绣眼鸟　150, 151

B

八哥　155, 156
八角鹰　94
八鸭　14
巴氏柳莺　145
巴氏苇莺　201
巴鸭　18, 20
白背鹨　185
白脖寒鸦　127
白脖乌鸦　129
白长脚鹭鸶　88
白翅浮鸥　72, 76
白翅海燕　76
白翅黑浮鸥　76
白翅黑燕鸥　76
白点颏　173
白顶鹤　48
白额雁　6, 9, 10
白额燕鸥　72, 74
白腹暗蓝鹟　165, 174
白腹鸫　158, 161, 162
白腹寒鸦　128
白腹姬鹟　174
白腹蓝姬鹟　165, 174
白腹蓝鹟　165, 174
白腹鹟　162, 165, 174
白腹秧鸡　44
白腹鸫　93, 97
白骨顶　42, 46, 47
白冠鸡　46
白鹳　78, 203
白鹤　47
白喉矶鸫　164, 170
白花啄木鸟　113
白环鹦嘴鹎　141
白鹡鸰　180, 183
白颊山雀　131
白颊鸭　24
白颈鸦　126, 129
白老冠　88
白丽鸟　177
白脸鸭　24
白领鸽　55

白鹭　82, 90
白鹭豹　100
白鹭鸶　89, 90
白眉地鸫　158, 159
白眉地鸫　159
白眉鸫　158, 161
白眉儿　199
白眉黄鹟　172
白眉姬鹟　165, 172
白眉麦鸡　159
白眉鹟　172
白眉鹀　196, 197
白眉鸭　6, 20
白眉赭胸　173
白眉子　200
白眉紫砂来　172
白面鸡　44
白面鹡鸰　183
白目兔　22
白琵鹭　81
白漂鸟　88
白秋沙鸭　25
白日晡　150
白三道儿　196
白天鹅　11, 12
白头鸭　141, 142
白头鹤　47, 49
白头翁　141
白头雁　10
白头鹀　93, 97
白尾鹞　99
白尾海鹞　93, 99, 100
白尾鹞　93, 98
白胸苦恶鸟　42, 44
白胸秧鸡　44
白眼儿　150
白眼兔　23
白眼潜鸭　7, 23
白腰草鹬　57, 66
白腰杓鹬　57, 63
白腰文鸟　177
白颤儿　183
白枕鹤　47, 48
白抓　98
百舌　160
斑背潜鸭　7, 24
斑点鹩　163
斑鸫　158, 163, 164
斑鸽　34
斑颈鸠　34
斑鸠　32, 33
斑眉姬鹟　172

斑头秋沙鸭　7, 25
斑头雁　6, 10
斑尾塍鹬　57, 61
斑尾鹬　61
斑鹩　163
斑胁鸡　44
斑胁田鸡　42, 44
斑胸田鸡　44
斑鱼狗　107, 110
斑啄木鸟　111, 113
斑嘴鸭　7, 16, 17
北寒带柳　146
北寒露　125
北红尾鸲　40, 164, 168
北灰鹟　165, 171
北京山鹛　148
北京雨燕　35
北椋鸟　155, 157
北鹨　180, 185
碧鸟　193
扁头鸭　15
宾灰燕　118
宾雀　179
滨鹬　70
冰鸡　187
布谷鸟　39
布氏冰鸡儿　187

C

彩鹬　50, 56
苍鸬　84
苍鹭　82, 87
苍鹰　93, 96
草鹭　82, 88
草鹀　196
草雁　7
茶腹鸸　153
茶隼　115
长脖老　88
长耳虎斑鸮　104
长耳猫头鹰　104
长耳鸮　102, 104
长脚鹬　50
长翅海燕　74
长尾巴郎　126
长尾灰伯劳　125
长尾鹊　126
长尾水雉　56
长尾鹟　121
长趾滨鹬　58, 68, 69
长嘴鸻　53
长嘴剑鸻　52, 53, 54

橙头地鸫　158, 159
池鹭　82, 86
赤膀鸭　6, 15
赤喉鹨　186
赤颈鸫　158, 162
赤颈鸊　16
赤颈鹬　162
赤颈鸭　6, 16
赤翅　113
赤麻鸭　6, 13
赤胸鸫　197
赤胸隼　117
赤腰燕　140
赤足鹬　64
赤嘴鸥　72
赤嘴潜鸭　7, 21
赤嘴天鹅　11, 12
春锄　90
虫鹨　116
臭姑鸪　106
畜鹭　86
川秋沙　26
川秋沙鸭　25
穿草鸡　163
穿树皮　153
串树铃儿　145
春鸟　160
春暖儿　199
纯色鹪莺　136
纯色山鹪莺　135, 136
慈乌　127
慈鸦　127
粗嘴伯劳　122
粗嘴乌鸦　130
窜儿鸡　163
催归　38
翠鸟　107, 108
厝鸟　179

D

达乌里寒鸦　126, 127, 128
打鱼郎　85
大鵟　93, 100
大白鹭　81, 88, 89
大白眉　196
大斑雕　95
大斑啄木鸟　111, 113
大鸨　41
大杜鹃　37-40
大红背伯劳　124
大红鹳　31
大红袍　200
大红头　21
大花鹨　184
大火烈鸟　31
大卷尾　119
大鹨　134
大鸬鹚　80

大麻鸭　82
大麻鹭　82
大眉草串儿　144
大眉子　198
大沙锥　58, 59
大山家雀儿　202
大山雀　130, 131, 132
大杓鹬　63
大水行　58
大天鹅　6, 11, 12
大苇蓉　202
大苇莺　38, 136
大雁　7, 8, 9
大鱼尾燕　120
大嘴乌鸦　126, 129, 130
大嘴莺　138
呆鸟　118
戴菊　175
戴胜　106
丹氏滨鹬　68
丹氏穉鹬　68
淡黄腰柳莺　145
地鸫　41
地穿草鸫　159
地牯牛　70
地阄子　70
地啄木鸟　111
点颏　166
雕头鹰　94
鸱鸮　103
雕枭　103
钓鱼郎　72, 73
钓鱼翁　108
东方白鹳　78, 79
东方白眼鸭　22
东方茶隼　115
东方大苇莺　40, 136, 137
东方蜂鹰　94
东方寒鸦　127
东方黑尾鹬　60
东方鸻　52, 55
东方红腿鹬　64
东方红胸鸻　55
东方红隼　115
东方环颈鸻　55
东方角鸮　102
东方金翅雀　194
东方宽嘴鸟　107
东方蚬鸭　24
东方小鸮　103
东方泽鹭　97
东方泽鹞　97
东方中杜鹃　39
冬庄　88
董鸡　42, 45
豆雁　6, 8
独豹　41
独春鸟　84

渎凫　13
杜丽雀　156
短翅树莺　146
短耳虎斑鸮　104
短耳鸮　102, 104, 105
短嘴豆雁　6, 8
短嘴天鹅　11
对鸭　16
鸲鸮　102, 103
顿鸫　159
朵拉鸡　3

E

鹗　92
儿隼　116
鹅子鸭　16

F

发冠卷尾　119, 120
番薯鹤　48
反舌　160
反嘴鸻　51
反嘴鹬　50, 51
放牛郎　86
绯红秧鸡　43
粉眼儿　150
粉眼青鹎　150
风漂公子　88
风鸦　128
蜂鹰　93, 94
凤头阿兰　133
凤头八哥　155
凤头百灵　133
凤头蜂鹰　93, 94
凤头麦鸡　51, 52
凤头鹀鹀　28, 29
凤头潜鸭　7, 23
凤头鸭　15
凤头鸭子　23
佛法僧　107
凫翁　45

G

嘎嘎鸡　3
嘎叭嘴　143
甘肃黄腰柳莺　145
高粱头　156, 157, 197
高跷鸻　50
告天鸟　134
告天子　134
割麦打谷　38
呱呱唧　136
鸪雕　34
鸪鸟　34
谷雀　194
谷尾鸟　169
谷鸭　17
骨顶鸡　46

怪鸥 103
观音鸟 177
官鸭 13
冠翠鸟 109
冠雁 7
冠鱼狗 107, 109
管莲子 156
冠鹛鹛 29
光棍好过 38
鬼鸟 35
桂色雀 178
郭公 39
锅鹤 49

H

哈拉雀 156
海猫子 73
海南鸦 124
海秋沙 26
寒皋 155
寒露儿 125
寒鸦 127
豪豹 100
禾谷 177
禾雀 179
褐伯劳 123
褐河乌 154
褐柳莺 143
褐色鹨 187
褐色柳莺 143
褐色胁绣眼 150
褐头鹪莺 136
鹤秧鸡 45
鹤鹬 57, 63
鹤子鸭 16
黑白尾鹬 98
黑翅长脚鹬 50
黑翅高跷 50
黑翅拟蜡嘴雀 189, 203
黑翅鸢 93
黑鸫 160
黑耳地鸫 158
黑耳鸢 99
黑腹滨鹬 58, 69, 70
黑腹浮鸥 75
黑腹燕鸥 75
黑鹳 78
黑海番鸭 7, 24
黑喉鸫 169
黑喉石鹛 164, 169
黑花鹛 116
黑颈鹛鹛 28, 30
黑卷尾 38, 119
黑眶鸭 20
黑老婆 165
黑黎鸡 119
黑脸鸦 201
黑脸噪鹛 151, 152

黑领椋 54
黑龙江角鸮 102
黑眉苇莺 136, 137
黑水鸡 42, 45, 46
黑铁练甲 120
黑头翡翠 108
黑头蜡嘴雀 188, 191
黑头四鸭 23
黑尾塍鹬 57, 60
黑尾杰 173
黑尾蜡嘴雀 188, 190
黑尾鸥 72, 73, 74
黑尾鹬 60
黑纹头雁 10
黑乌秋 119
黑袖鹤 47
黑鱼尾燕 119
黑鸢 93, 99
黑月子 199
黑枕黄鹂 118
黑枕绿啄木 113
黑枕绿啄木鸟 113
黑嘴雁 7
恨狐 103
横花啄木鸟 111
横画背鸭 24
红斑鸠 32
红脖 166
红脖穿草鸡 162
红脖鸦 162
红点颏 166
红腹灰雀 188, 191, 192
红腹石青 169
红骨顶 45
红冠水鸡 45
红颏 166
红鹤 31
红喉歌鸲 165, 166
红喉姬鹟 165, 173
红喉鹨 180, 186
红喉鸫 173
红角鸮 102
红脚鹤鹬 63
红脚银鸥 74
红脚鹬 57, 64
红脚隼 115, 116
红金钟 200
红鸠 32
红麻料 192
红麦鸫 163
红毛鹭 86
红面鹤 48
红雀 178
红隼 115
红头伯劳 122
红头鹭鸶 86
红头潜鸭 7, 21, 22
红头鸭 21

红腿鸡 3
红腿欧鸦 165
红腿鹬子 116
红尾斑鸫 158, 163
红尾伯劳 122, 123
红尾穿草鸡 163
红尾鸫 163
红尾歌鸲 164, 165
红尾溜 168
红尾鸲 164, 167, 168
红胁粉眼 150
红胁蓝尾鸲 164, 167
红胁绣眼鸟 150
红胸斑秧鸡 44
红胸鸲 55
红胸秋沙鸭 7, 26
红胸田鸡 42, 43
红胸翁 173
红鸭 16
红鸲子 115
红鹰 115
红子 131
红嘴鸥 72, 73
红嘴潜鸭 21
洪雁 7
鸿雁 6, 7
厚嘴伯劳 122
厚嘴树莺 144
厚嘴苇莺 136, 138
胡哼哼 106
鹄 11
葫芦翠 170
虎鸫 104
虎斑地鸫 158-160
虎斑地鸫 159
虎斑山鸫 159
虎鸫 122
虎伯劳 122, 123
虎鸫 151, 159
虎花伯劳 122
虎皮鸟 188
虎头儿 197
虎纹伯劳 122
花鹛 95
花斑钓鱼郎 109
花斑鸠 34
花豹 100
花伯劳 122
花脖斑鸠 34
花凫 12
花红燕 168
花椒子儿 197
花窖马 88
花梨鹰 117
花梨隼 117
花脸鸭 6, 20
花鹛 184
花鹭鸶 86

花眉 184
花眉子 199
花蒲扇 106
花雀 188
花噱儿 199
花头扇尾 138
花洼子 86
花泽 98
花啄木鸟 111, 113
花嘴鸭 17
华北山莺 148
华鸡 188
画眉 151
怀南 4
槐串儿 145
环颈鸻 52, 55
环颈雉 3, 5
黄鹂 200
黄斑苇鳽 82, 83
黄弹鸟 194
黄点颏 173
黄豆瓣 199
黄凤儿 199
黄腹灰鹡鸰 182
黄腹鹨 180, 186
黄腹山雀 130, 131
黄喉鹀 195, 199
黄鹡鸰 180-183
黄尖鸭 20
黄脚三趾鹑 70
黄颈拟蜡嘴雀 188, 189
黄鹂 200
黄鹂 118
黄马兰花儿 181
黄麻鸭 13
黄眉柳莺 142, 145
黄眉鹀 196, 198
黄眉子 199
黄楠鸟 194
黄鸟 118, 193
黄雀 178, 188, 193
黄三道 198
黄鳝公 83
黄隼 115
黄头鹡鸰 180, 182
黄头鹡 86
黄尾根柳莺 145
黄尾鸲 168
黄苇鳽 83
黄香鸭子 13
黄小鹭 83
黄胸鹀 195, 200
黄鸭 13
黄腰柳莺 142, 145
黄腰燕 140
黄莺 118
黄鹰 96, 115
黄颤儿 181
黄庄 88

黄足鹬 67
黄嘴尖鸭 17
黄嘴天鹅 12
蝗虫莺 138
晃鸭 20
灰斑鸠 32, 33
灰背赤腹鸫 160
灰背鸫 158, 160
灰背鹟 160
灰伯劳 122, 125
灰翅浮鸥 72, 75, 76
灰顶茶鸲 168
灰腹灰雀 192
灰鹤 47-49
灰鹡鸰 180, 182, 183
灰卷尾 119, 120
灰椋鸟 155, 156
灰鹭 87
灰鹭鸶 87
灰山椒鸟 118, 119
灰十字鸟 118
灰头鹀 161
灰头绿啄木鸟 111, 113, 114
灰头麦鸡 51, 52
灰头鸦 195, 201
灰洼子 84
灰尾漂鹬 57, 67
灰尾鹬 67
灰鹟 171
灰喜鹊 126
灰雁 6, 9
灰鸲 98
灰鹬子 93
灰鹰 98
灰鹬 67
灰泽鵟 98
灰泽鹬 98
火斑鸠 32
火鸪鹬 32
火燎鸭 17
火烈鸟 31
火燕 168
货郎瓢 19
霍雀 179

J

鸡 3
矶鹬 21
鸡冠鸟 106
鸡鸟 98
鸡尾水雉 56
祭凫 16
矶雁 21
矶鹬 57, 67, 68
唧唧鬼 131
极北柳莺 142, 146
鵙鸠 119
漈凫 15
加令 155

家巧儿 179
家雀 179, 201, 202
家燕 139, 140
嘉宾 179
葭鹗 84
葭凫 15
假画眉 156
驾鸽 155
尖尾鸭 18
剑鸻 53
健嘴丛树莺 144
江鸡 45
郊鹬 172
鹪鹩 153, 154
角䴙䴘 28, 29
角鸮 102
角鸥 103
金斑鸻 53
金背斑鸠 32
金背鸠 32
金背子 53
金翅 194
金翅雀 188, 194
金鸻 51, 53
金画眉 151
金颈鸻 55
金眶鸻 52, 54
金眉子 198
金鸟仔 108
金雀 193
金丝猴 148
金头莺 175
金鸦 200
金眼鸭 24
金腰燕 139, 140
桔鸟 158
锦鸻 135
鹫兔 103
睢鸠 92
钮鹬 61
巨嘴柳莺 143, 144
巨嘴鸦 130
卷尾燕 120

K

喀咕 39
口子喇子 137
库页小扎 70
侉老鸹 127
宽嘴鹬 171
宽嘴鹬 69
鸳 101
阔嘴鸟 107
阔嘴鹬 58, 69

L

拉氏树莺 144
腊嘴雀 189
蜡嘴 190, 191

蜡嘴雀 189, 190
兰鹊 126
蓝膀香鹊 126
蓝点冈子 167
蓝点颏 166
蓝靛杠 165, 166
蓝靛颏儿 166
蓝额红尾鸲 164, 167, 168
蓝翡翠 107, 108
蓝歌鸲 164-166
蓝颏 166
蓝喉歌鸲 165, 166
蓝喉鸲 165, 166
蓝矶鸫 164, 169, 170
蓝秸芦犒鸟 166
蓝鹊 126
蓝头矶鸫 170
蓝头矶鹟 170
蓝尾巴根子 165, 167
蓝尾歌鸲 167
蓝尾杰 167
蓝尾欧鸲 167
蓝尾鸲 167
蓝燕 174
浪里白 29
老䴙 41
老等 87
老鸹 107, 127, 128, 130
老鸹翠 107
老鹳 78
老家贼 179
老家子 179
老西子 189
老酰儿 189
老鸦 130
老鹰 99-101
了哥 155
犁雀儿 196
篱笆雀 177
篱鸡 119
理氏鹨 184
栗耳鹀 196, 197
栗苇鳽 82, 84
栗鹀 195, 200
栗小鹭 84
栗胸田鸡 44
笠鸠 119
连雀 175, 176
镰刀鸭 15
练鹊 121
林鹨鸲 180
林鹬 58, 66
鳞胁秋沙鸭 27
铃铛雀 146
铃凫 24
铃鸭 24
领雀嘴鹎 141
琉雀 179

瘤鹄 11
柳串儿 138, 143-146
柳叶儿 137, 146
龙尾燕 119
楼燕 35
芦串儿 138
芦花黄雀 193, 194
芦鹀 195, 196, 202
芦莺 138
鸬鹚 80
鹭鸶 90
罗纹鸭 6, 15, 16
绿翅鸭 7, 18, 19
绿豆雀 145, 146
绿鹭 82, 85
绿鹭鸶 85
绿雀 194
绿蓑鹭 85
绿头鸭 7, 16, 17
绿绣眼 150
绿鹦嘴鹎 141
绿啄木鸟 113

M

麻姑油 156
麻谷 179
麻鸟 193
麻雀 178, 179
麻石青 169
麻鹬 63
麻喳喳 136
马兰花 182
马兰花儿 183
蚂蚱鹰 116
麦寂寂 197
麦加蓝儿 185
麦鹟 172
麦鹀 127
猫头鹰 102-104
美国鸥鹋 3
美洲黑凫 24
蜜鹰 94
棉凫 14
棉花小鸭子 14
棉鸭 14
木鹟 185

N

南麻雀 179
柠檬柳莺 145
牛背鹭 82, 86, 87
牛屎八哥 156
牛头伯劳 122, 123
牛头虎伯劳 122

O

欧椋鸟 157
欧亚角鸮 102

欧亚旋木雀 152
欧亚云雀 134
欧洲八哥 157
欧洲角鸮 102
欧洲椋鸟 157

P

攀雀 132, 133
蓬鹀 201
琵鹭 81
琵琶鸭 19
琵嘴鸭 6, 19
匹鸟 13
剖苇 136
蒲鸡 82
普通鵟 93, 101
普通八哥 155
普通翠鸟 107, 108
普通海鸥 72
普通角鸮 102
普通鸬鹚 80
普通秋沙鸭 7, 26
普通鸦 153
普通燕鸻 71
普通燕鸥 72, 75
普通秧鸡 42
普通夜鹰 35
普通雨燕 35
普通朱雀 188, 192, 193

Q

奇鹅 7
碛弱 194
千岁鹤 48
潜水鸭子 28
翘鼻麻鸭 6, 12, 13
翘嘴娘 51
巧妇 153
巧燕 140
秦椒嘴 108
青边仔 15
青扁头 174
青冠雀 141
青脚滨鹬 58, 68
青脚鹬 57, 65
青麻料 192
青鸲 165
青条子 116
青头鬼儿 201
青头楞 201
青头潜鸭 7, 22
青头雀 201
青头鸭 22
青燕 117
青燕子 116
青鹰 116
青庄 87
青足鹬 64, 65

轻尾儿　165
丘鹬　58
秋鸦　83
秋沙鸭　25, 27
秋小鹭　83
鸲姬鹟　165, 172, 173
鸲鸽　155
鸜鸽　155
雀鹞　95
雀鹰　93, 95, 96
雀贼　95
鹊鸭　7, 24, 25
鹊鹞　93, 98, 99

R

日本鹌鹑　4
日本冰鸡儿　187
日本角鸮　102
日本树莺　146
弱雁　10

S

三宝鸟　107
三道眉　196
三道眉草鹀　196
三光鸟　121
三色虎伯劳　122
三鸭　15
三爪爬　70
桑鸤　191
沙鹨　133
沙鹭　86
沙雁　7
傻画眉　163
山斑鸠　32, 33
山带子　196
山蝈蝈儿　153
山和尚　106
山鸡　5
山鹡鸰　179, 180
山家雀儿　201
山老公　128
山黎鸡　120
山鹨　180, 187
山麻雀　178, 196
山鹛　148
山乌　128
山沙锥　58
山苇容　201
山喜鹊　126
山莺　148
山鹬　58
山啄木　113
扇尾沙锥　58, 60
扇尾莺　135, 138
蛇皮鸟　111
蛇头鸟　111
十二红　176
十二黄　175
十姐妹　177
十姊妹　177
石阿兰　153
石鸰　41
石鸫　169
石鸡　3
石栖鸟　169
石青　174
寿带　121
绶带鸟　121
树串儿　145
树鹡鸰　180
树鹨　180, 185
树鲁　185
树麻雀　179
树莺　138, 146
水鹌鹑　70
水骨顶　46
水黑老婆　154
水葫芦　28, 29
水鸡　70
水老鸹　29, 154
水鹨　180, 186, 187
水骆驼　82, 83
水毛鸭子　21, 22
水母鸡　82
水乌鸦　154
水雉　50, 56, 57
丝光椋鸟　155, 156
丝毛椋鸟　156
四声杜鹃　37, 38
四鸭　20
松雀鹰　95
松枝儿　153
算命鸟　177
随鹅　7

T

太平鸟　175, 176
太平洋金斑鸻　53
探春　199
汤匙仔　19
唐秋沙　27
天鹅　6, 11, 12
天鹨　134
天鸣鸟　158
田凫　52
田鸡　70
田鸡子　43
田鹨　180, 184
田雀　199
田鹀　195, 199
田鹬　60
跳鸻　52
贴树皮　35, 153
铁脸儿　197
铁炼甲　119
铁雀　194
铁燕子　119
铁爪鹀　194, 195
铁爪子　194
铁嘴蜡子　189
铜嘴　191
铜嘴蜡子　190, 191
筒鸟　39
秃鼻乌鸦　126, 128, 129
秃鹫　92, 94
土豹　101
土伯劳　123
土鹘　116
土鹤　48
土画眉　152
土燕子　71

W

瓦雀　179
歪脖　111
王八鸭子　28
王鸭　20
苇串儿　136
苇鹀　195, 196, 201, 202
苇扎子　136
蚊母鸟　35
乌鹏　93, 95
乌斑鸫　163
乌鸫　158, 160, 161
乌鸪　160
乌鹳　78
乌脚滨鹬　68
乌鹟　160, 165, 171
梧桐　191
鹀凫　25
五道眉　196
五道眉儿　198

X

西伯利亚地鸫　159
西伯利亚鹤　47
西伯利亚银鸥　72, 74
西黄鹡鸰　180-182
锡嘴　189
锡嘴雀　188-190
喜鹊　126, 127
喜鹊鸭子　24
喜鹊鹞　98
喜鹊鹰　98
细嘴乌鸦　129
鲜卑鹟　171
衔珠鸟　177
相思鸟　148
项圈野鸡　5
小白额雁　6, 10
小白鹭　90
小白眉　196
小白鸭　14

小背串 148
小辫鸻 52
小翠鸟 108
小豆雀 131
小杜鹃 37, 38
小海燕 74
小花鱼狗 110
小花皂 95
小环颈鸻 54
小黄嘴雀 190
小蝗莺 138
小椋鸟 157
小琉璃 165
小青足鹬 64
小秋沙鸭 25
小桑鸤 190
小桑嘴 190
小山老鸹 127
小杓鹬 57, 61, 62
小石鸭 20
小水鹨 187
小水骆驼 83, 84
小水鸭 18
小太平鸟 175, 176
小天鹅 6, 11
小田鸡 42, 43
小鹀 195, 197, 198
小鸦鹃 37
小燕鸥 74
小秧鸡 43
小鱼鸭 25
小云雀 133, 134
小啄木 112
小仔伯 131
小嘴乌鸦 126, 129
小鸊鷉 28
孝鸟 127
笑鸥 72
啸声天鹅 11
楔尾伯劳 122, 125
星鸦 84
星点啄木鸟 112
星头啄木鸟 111, 112
修女鹤 47, 49
绣眼儿 150
锈鹀 200
须浮鸥 75
玄鹤 48, 49
旋木雀 152
雪鹤 47
雪客 88
雪眉子 194
巡凫 20

Y

鸦鹊 127
鸭蛋黄儿 172
鸭虎 117
牙鹰 96
哑声天鹅 11
亚洲寿带 121
亚洲绶带 121
眼镜鸭 20
燕八哥 157
燕鸻 50, 71
燕鸥 72, 74, 75
燕雀 188, 189
燕乌 127
燕隼 115, 116
燕子 139
秧鸡 42
阳雀 38
鹞鹰 96, 99
野鸽子 34
野鸡 5
野鸲 166, 169
野鹊 127
野鸭子 16
野雁 41
夜鹭 82, 84, 85
夜猫子 102
夜燕 35
夜鹰 35
蚁 111
一枝花 121
银喉长尾山雀 147
银鸥 72, 74
鹦鹆 155
鹰 92, 95, 96
鹰摆胸 95
鹰斑鹬 66
鹰鹬 66
疣鼻天鹅 6, 11
游隼 115-117
鱼冻鸟 45
鱼狗 108
鱼虎 108
鱼鹰 80, 92
鱼钻子 25
雨燕 35
玉颈鸦 129
鸢 93, 99
鸢喜鹊 126
鸳鸯 6, 13, 14
元鸭 20
元鹰 96
原鹅 7
远东树莺 146, 147
月鹰 107
越雉 4
云雀 133, 134
云雀鹬 68

Z

早鸭 15
皂儿 190
皂花 190
泽鵟 97
泽凫 23
泽鹬 58, 64, 65
帻鸊鷉 29
章鸡 45
朝天子 134
沼鹭 86
沼泽山雀 130, 131
照夜 179
赭练鹊 121
鹧鸪 3, 4
针尾沙锥 58, 59
针尾水札 59
针尾鸭 6, 18
针尾鹬 59
珍珠鸠 34
真雁 9
震旦鸦雀 148, 149
织女银鸥 74
雉鸡 5
雉山鸡 5
中白鹭 81, 89
中地鹬 59
中杜鹃 37, 38, 39
中国黑鸫 160
中国鹧鸪 4
中华攀雀 132, 133
中华秋沙鸭 7, 26, 27
中华鹧鸪 3, 4
中沙雉 59
中杓鹬 57, 62
朱连雀 176
朱雀 192
珠颈斑鸠 32, 34
珠颈鸽 34
竹雀 156
拙燕 139
啄木鸟 111-113
仔仔红 131
吁吁黑 131
紫膀鸭 15
紫背儿 200
紫背苇鳽 82, 83, 84
紫翅椋鸟 155, 157, 158
紫鹭 88
紫小水骆驼 83
棕背伯劳 122, 124
棕腹柳莺 138, 143
棕腹啄木鸟 111, 112
棕眉柳莺 143, 144
棕眉山岩鹨 177
棕扇尾莺 40, 135
棕头鸥 72, 73
棕头鸦雀 40, 148, 149
纵纹腹小鸮 102, 103